青少年 科普图书馆

THE STORY OF INVENTION

世界科普巨匠经典译丛·第二辑

人类发明的故事

（美）布里奇斯 著　刘丙海 译

上海科学普及出版社

图书在版编目（CIP）数据

人类发明的故事 /（美）布里奇斯 著；刘丙海 译 . —上海：上海科学普及出版社 , 2013.10

（世界科普巨匠经典译丛·第二辑）

ISBN 978-7-5427-5840-8

Ⅰ . ①人… Ⅱ . ①布… ②刘… Ⅲ . ①创造发明 – 普及读物 Ⅳ . ① N19-49

中国版本图书馆 CIP 数据核字 (2013) 第 177236 号

责任编辑：李 蕾

世界科普巨匠经典译丛·第二辑
人类发明的故事
（美）布里奇斯 著 刘丙海 译

上海科学普及出版社

（上海中山北路 832 号 邮编 200070）

http://www.pspsh.com

各地新华书店经销 北京德美印刷厂

开本 787×1092 1/12 印张 20 插页 6 字数 240 000

2013 年 10 月第 1 版 2013 年 10 月第 1 次印刷

ISBN 978-7-5427-5840-8 定价：29.80 元

本书如有缺页、错装或坏损等严重质量问题
请向出版社联系调换

CONTENTS

目录

第 1 章	原始发明	001
第 2 章	古代人的发明	011
第 3 章	复兴时期的伟大	021
第 4 章	锡、铁、钢	033
第 5 章	发明手表和时钟	043
第 6 章	发明蒸汽机	053
第 7 章	安全灯和煤气灯	065
第 8 章	滑轮与锁	071
第 9 章	电报机	081
第 10 章	电报线缆在海底的发展	089
第 11 章	桥与路	095
第 12 章	缝纫机	103
第 13 章	潜水钟和潜水服	109
第 14 章	摄 影	117

第 15 章	现代印刷	125
第 16 章	电 话	133
第 17 章	汽车工业	141
第 18 章	留声机与电灯	149
第 19 章	飞船与气球	157
第 20 章	飞 机	165
第 21 章	步枪至机枪	173
第 22 章	高能炸药代替黑色火药	181
第 23 章	电 影	187
第 24 章	无线电报	195
第 25 章	无线电话	205
第 26 章	X 射线与镭	211
第 27 章	电熔炉	217
第 28 章	水力发电	223
第 29 章	人类在机器中获得的好处	229

第1章 原始发明

发明家对人类进步的贡献——最初的发明——应需而生

想要了解我们和老祖先的关系,以及我们是如何通过某些发明成果进入到文明的时代,走入了一个崭新的时代——一个和石器时代居住的洞穴环境截然不同的时代……这些都要从头说起。也正是因为这些,我们在阅读和发明有关的故事时,每件事情的开头总也少不了"很久以前……"

在我们生活的世界中,布满了琳琅满目的新事物,在我们看来,正是有了古代源源不断的发明,才有了我们当今的这些新产品。只不过,某些原始发明的历史痕迹都已经消失不见了,这让我们很难再寻觅其迹。

比如,聪明的希腊人发明的计时器,它就是通过在滴漏上添加了一个齿轮制成的,这个古怪的装置的精

日晷

又名日规,6000年前的巴比伦王国制作的日晷是迄今为止世界上最早的计时器。

第1章 原始发明

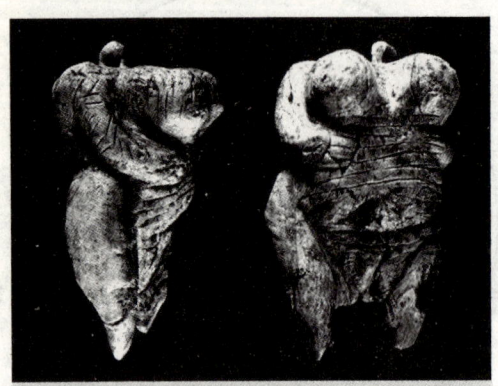

旧时器时代的女性雕像

在原始社会,早期的绝大多数时间都是处于石器时代,直到末期才步入金属器时代。

度几乎和太阳行进的轨迹一致。正是出于个人对计时设备改良的思索,才有了这个简单计时工具的诞生。

远古时期的日晷在阴天是无法工作的,人们需要有更加先进的计时设备来替代日晷。在我们看来,那些古老的计时装置,其实就是新石器时代的人们对时光流逝的一种标记方法。

同样是把坚果弄开的方法,当初猴子是用自己的牙齿一个一个地咬,但是后来有人发现可以用石头把坚果砸开,一个发明者出现了。在通往文明的阶梯上,人类已经迈出了第一步,而近代由对光滑滤网和钢制滚筒充分利用的蒸汽机驱动的面粉厂,就是这个阶梯将要到达的目的地。

对于那些数不清的发明者,以及他们不计其数的发明,还有他们为人类的生活水平的提高所做出的巨大贡献,我们必须要致以深深的谢意。我们正是通过这些发明,才遥想到辞世已久的他们和同样久远的石器时代。

我们的周围充满了发明家的研究成果,如身上的衣服、坐的椅子、玻璃窗子、看书使用到的灯,几乎所有的东西,当然这本书也不会例外。所有这些都会令我们无需经过深沉的思索,便对发明家产生感恩之情。假如不是之上那些发明之物的存在,我们住的房屋,穿的衣服,除了一些坚果和野果,我们不会再有其他食物,我们和生活在树上的猴子不会有任何区别。因此,历史中的发明就是人类迈向文明化的标志,是人类脱离野蛮步入文明的开始。

对于人类的原始发明,我们了解得并不多,利用石头把坚果砸开是我们了解到的最早发明,使用木棒攻击敌人或许就是第二个。石头和棍棒的用处被人们发现不过是一小步前进而已,可是,当更具威力的武器出现,也就是石头被棍棒的一端弹射出去,则是又大大前进了一步。

和别的动物一样,原始社会的人们对火也非常恐惧,所以他们使用了很长时间的石头和木棒,之后,才逐渐地敢于使用火。可能是因为某次闪电而引发了森林起火,这和现在没什么两样,这不过在次数上来说,过去的山火要比现在多很多。首次勇敢地对火进行使用的人真的是一位伟大的发明家,这主要是因为,火一旦被人们开始控制,所有的低等动物也就被人们控制了,只可惜这位伟大的发明家至今不知道他是谁。

正在狩猎的扎赉诺尔人

有一点我们应当时刻谨记着,并不是在某个特定的地点和特定的时间,开始了某种文明。所以,地球不同的地方、不同的时期首个开始对火进行使用和控制的人,并不是同一个人,因此,我们在上面提到的英雄,其实应当说成是英雄们。在很久以前的不同部落里生活的人们,在数量上和发展程度上并不相同,有的部落缓慢发展着,有的部落快速发展且程度较高,但是对于地震、洪水或者别的自然灾害等还是没有认识到位,任何一个部落都有自己的前进路线,发展很不平衡,可是从总体水平来看,相互隔开的部落发展速度还是缓慢的。在我们对这些部落文明程度发展差异进行研究时,经常会感到吃惊。

燧人氏钻木取火石雕

我国的神话中就流传着发明钻木取火的故事。钻木取火相传是燧人氏发明的,用的是比较粗糙的木原料,由于木材本身的易燃性,加之摩擦产生的巨大热量,所以使木材燃烧起来。

大家或许会产生这样的疑问，对于那些史前人们发生的事情，我们怎么会知道得这样清楚呢？我的答案是：这些结果来自对埋葬他们的地方的挖掘和查找，并且对其唯一可以居住的洞窟进行研究而获得的。通过对中非、南美洲和澳大利亚森林里的土著人进行认真的研究，我们还会有很多的事情讲给你们听。

在文明程度方面，有些部落已经走在前面了，这一点我们前面已经提到过了，但是并没有给出什么说明，可是下面的发现可以给予证实。有一个洞穴在克伦拜尔被发现了，它里面的墙上有了很多绘画，大概有900米长，这些绘画都是关于史前的，它们或许该被称作是雕刻品，因为它们都是被深深刻入岩石中的线条。有很多的动物都在画上显示着，尤其是猛犸象（也称作是毛象），它早已绝迹了很长时间了。故这些雕刻的完成时间至少是在20000或者25000年前，上述的发现和别的证据都可以证明这一点。和它之后数千年的艺术作品相比较，这些雕刻毫不逊色，它们依然美丽。近一个时期，数量巨大的动物泥塑模又在加仑河支流的另一个法国洞穴里被发现，它们之中大的长有1.5米左右。这些泥塑模被洞顶下落的水滴形成的如同玻璃的石笋保护着。这些都可以证明远古的人类在文化艺术方面已经取得了一定进展。

我们还有其他的证据，也是有关澳大利亚土著人的，对于各个部落间不均衡的发展状况，它们也可

持长矛狩猎的印第安人

以给出很好的证明。当这些 100～150 年前黑皮肤土著的文明首次被白人发现时，这些人仍在以虫子和爬行动物为食，光着身子，没有任何陶器，他们也不会驯养动物和耕地种田。他们的文明程度大概是旧石器时代，发展水平大概相当于生活在 7 万年前的英格兰地区的人们，在当今所有已知的部落文明里，他们的文明程度是最低的。可是令人吃惊的是，这里的人居然发明了回飞棒。

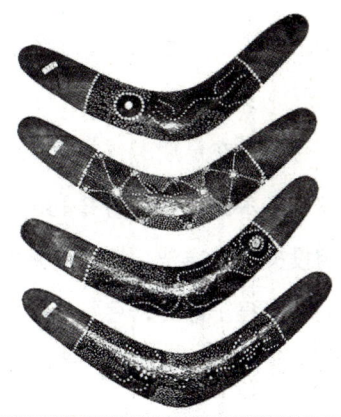

古代的回飞棒

还被称作是自归器、发去飞来、回旋镖等，从名称可以看出，就是飞出去后可以再飞回来。V 字形、钟形、三叶形、香蕉形、十字形、多叶形，都是它的形状。澳洲土著人经常使用的捕猎工具是 V 字形和香蕉形。

这种木头制成的棒子形状非常奇特，在被投掷者扔出去之后还可以再次飞回来。真的令人难以置信，但这却是事实，不仅如此，他们对回飞棒的使用历史已经有了几个世纪。

发明家生活的环境总是可以轻而易举地影响他的发明。和别的部落相比，多燧石的部落具有较快的发展速度，是因为这里的人们有着得天独厚的条件，那就是他们拥有很多无比坚硬和锋利的石头，这在别的部落是没有的。

原始的人们在对动物进行猎取和分割时，就会用到发明的长矛、刮刀、刀子、锤子和棍棒等。

人们生活在大海的附近，就必然会使用贝壳。坚硬的贝壳在被剥开后就会把锋利的边显现出来，制作工具应当是在海边生活的人们早就掌握的本领了，这一点我们完全可以肯定。用锋利的贝壳把肉割开，把竹子和藤条削尖做箭使用，还用贝壳遮挡屋顶，这些方法至今仍在被安达曼岛的人们使用着。甚至对于杯子和盘子，他们也用鹦鹉螺壳来代替。

动物毛皮被人们发现可以用来保暖。起初，人们裹在身上的只是些没有经过任何处理的毛皮。之后，在毛皮上掏洞使手臂可以穿过去的方法被发明者发现了。再往后，毛皮经过打磨会变得柔软，这一特点也被人们发现了。就这样，慢慢形成了我们穿的衣服。

弓也是在早期时候被发明的。开始，人们在战斗中使用的是矛，它是在一个笔直的木头上固定好锋利的石头制作成的。之后，为对付远距离的敌人，可以用投掷矛的方法，这一特点被脑筋快的人想到了，所以发明投掷矛的装置被提上了日程。最终，弓被人们发明了，那就是在具有弹性的棍子的两端系上一根绳子，这样一支很轻的矛或者箭就可以被射到很远。

再一个进步性的标志是鱼钩的发明，它被人们发明的年代应当非常久远了，因为一些骨头制作的鱼钩在一些距今很久的墓穴中被发现了。人们使用鱼钩，可以利用很少的精力换取很大的收获。原始人只有弄到了足够多的食物时，才可能在发明创造上投入更多的时间。

我们至今还没有弄明白，是船的出现推动了鱼钩的发明，还是鱼钩的出现推动了船的发明。人们可以非常轻松地注意到，一个漂浮的木头可以承载比其自身还重的物体，但是要想到把木头的中间掏空制作成独木舟，这个人就相当聪明。

把黏土做成盘子又是一个发明。陶器的发明应当是在弓、矛和鱼钩的后面，因为并没有在早期的墓地中发现陶器场。

世界上最古老的鱼钩

器皿最初是在哪里被制作出来的？或者是被谁制造出来的？这些我们都不是很清楚。可是我们清楚的是发明一定是应某种需求而生，因此可能是早期做饭的人发明了器皿。

火在开始被人们使用时，不过是为了防御野兽。它用于做饭是后来的事情，可是最初也不过是烤制大块的生肉，之后又经历了很长时间才出现了煮的方法。最先使用的锅只是放满水后不会漏掉的编制紧密的篮子，向篮子里不断投掷烧热的石头，直到把水烧开。

　　之后制作方法复杂，材料是皂石的罐子被发明了，这种罐子不可以做得太薄，否则在烧水时会裂开。这种泥土随处可见，并且它可以轻易地被捏出很多的形状，捏泥巴的游戏是所有小朋友都喜爱的。早期的聪明人在玩泥巴游戏时，用泥巴做出了很多形状，而又恰巧有些模型被放在太阳下暴晒了一两天，结果发现其硬度居然可以接近石头了，这似乎是顺理成章的事情。当然，之后皂石罐的形状最终被制作出来。用太阳暴晒的方法是开始制作陶器时用到的，至于发现把泥巴制品放到火上烧在硬度和耐用度上要优于太阳晒的方法，这是很久以后的事情了。

　　就回飞棒被澳大利亚土著人发明这一点看来，他们是特别聪明的，可是他们居然没有想到发明陶器，他们喝水时仍在使用贝壳，烧烤食物还在沿用火烤的方法，这些事情真的很有意思。

　　美国南部和墨西哥是早期陶器工人集居的地方。利用贝壳粉、泥土，以及另外的一些材料混合到一起制成美丽陶器的方法，是他们很早就掌握的。迷人的外形、柔美的花纹是他们制作陶器的两大特点。制作陶器技能精湛的师傅同样存在于早期非洲的很多部落。他们使用的泥土是从山上白蚁洞穴中采集来的，这是由于白蚁已经把这些泥土反复揉捏了很多遍了。

　　灯被生活在北极的爱斯基摩人人拿来做饭和为房间加热。他们用的灯，灯芯是用苔藓搓成的绳子，灯台是用皂石做成的浅碟子，灯油就是鲸鱼的脂肪。我们还发

通过化学反应制造的陶器

　　早期人类的生活水平被陶器的发明提高了一大截，虽然说他们的制作材料简单，形状也很单一，烧制的温度偏低，可是通过化学反应来制造用具，这是人类的第一次尝试。它揭示出了人类和自然斗争的新篇章，革命性地推动了人类社会的进步。

现在皂石不存在的北极地区,生活在那里的人们制造炉子使用的是泥土。泥巴在他们那里是晾不干的,因为那里的太阳光极其微弱,他们的炉子不用经过晾干就会非常坚硬,材料是用海豹的血液和毛发混合上泥土。

编织技艺应当是出现在陶器制作技艺之前。草、柳条或者芦苇应当是最初出现的编织品材料。把植物的纤维编织成衣服,是在熟练掌握了编织技艺之后,到此,仅差一步的距离人们就学会了用动物的毛进行纺织。

纺织技艺对于某些生活在太平洋岛屿上的人们来说似乎是没有必要的,他们制作衣服的原材料来自树的内层皮,这样的树在那里有很多。居住在夏威夷的居民,把桑树皮弄成宽 0.6 米,长 1.8 米的条形,然后暴晒晾干制作成布料,并称其为塔帕。等用到时,把这种树皮制成一种毡就可以了,当然还要染上颜色。毡的制作方法是:浸湿这些树皮,之后,把其放到平滑的石头上用力敲打。有关欧洲人一直都梦寐以求的防水服装,夏威夷人老早就已经拥有了,方法就是把布料在椰子油中浸泡一下。这项发明可以说最能显示原始人的聪明。

虽说可以轻松地得到这些树皮制作的纺织品,但是那些精美的手工纺织品仍是备受一些波利尼西亚人的喜爱。

他们美丽的长袍和水席都是用芙蓉树皮上弄下来的细丝纺织出来的。如今人们虽说早已步入了文明的社会,但是在制作精致美丽的手工纺织品方面远远赶不上那些"野蛮人"。

巴拿马草帽是另外的一个我们并不陌生的例子,这种编织极其紧密的草帽居然不漏水,形同水桶一般。一定要找到一种工具,它可以把纤维拧成绳子,这样才会得到纱线用来纺织。一个拥有简单外形的纺锤就是一种很好的纺线设备,它其实就是一根木棒。早期的人们有很多的途径获得使

波利尼西亚妇女身穿着细丝裙

用的绳子。椰子壳内部的纤维被热带地区的人们用作绳子已经有数千年的历史了。生活在冷一些地区的人们使用的绳子就是用大型动物腿上的肌腱制成的。动物的肌腱被人们洗干净后再经过挑选备用，制作绳子用的是短一些的。那里把绳子弄断的方法是用石头或金属刀子切，而并非用剪刀。这种用肌腱制作的绳子，至今仍被爱斯基摩妇女们用来缝制毛皮衣服，衣服的缝口处被她们用鸟骨针缝得极其严密，一点水都不漏。

缝合衣服的骨针

爱斯基摩人很早就发明了渔网，渔网是用牛皮合成的绳子编织出来的。可是他们脚上的鞋子却是在衣服被发明后很久才被发明出来。对于脚下穿的鞋子，它们的功用各有不同，对生活在满是荆棘的地带的人来说，它们是用来防止自己的脚被扎伤；对于生活在温度较高地带的人来说，鞋子可以防止自己的脚被烫伤。再有就是，为了防止自己的脚被冻伤，在北极生活的人们就一定要发明出靴子。

谈到了鞋子和靴子，旅行就是我们必须一提的了。

牲畜在过去很长的一段时期里，都在承担着运送货物的任务。但是，一定是在数千年之前就出现了雪橇。轮式的交通工具在许久以前就已经被人们普及使用了，这有历史资料可查。在历史的迷雾中，我们已无法找到轮子的起源记载，可是对其原理，我相信原始人一定懂得。滚筒是轮子的发展前身，这是不可争辩的事实。对于滚筒和爱斯基摩人两者的关系，亨利·爱利特先生说过这样的话：这些部落在文明发展方面一直都是落后于其他的部落，可是，他们学会了利用滚筒，它是用海豹皮吹起来的。通过它支撑起一个巨大的独木舟，顺着满是小石子的海滩运送重物到海里。

生存是人固有的本能，为了生存人们之间就可能发生打斗、战争，同时原始的人们也在战争中学会了很多的东西。当然，武器是首先要发明的东西。由开始的手无寸铁，到对石头、棍棒、石刀、石矛和斧头的使用，再到回飞棒、弓箭、投石器和投掷用的矛等远距离杀伤性武器发明和应用。弓箭和投石器都

巴塔哥尼地区的印第安人发明了流星锤,用来狩猎和对付敌人

是原始人使用的武器。一些新式的武器被一些头脑灵活的部落发明了出来,就像我们现在气枪的始祖,就是可以发射毒箭的吹箭筒,它就是被生活在圭亚那地区的印第安人发明的。再有就是巴塔哥尼亚地区的印第安人发明的可以被弹射到很远的地方、用来对敌人或者野兽的腿进行缠绕的流星锤,它是通过用牛皮带子把连接在一起的两块石子弹射出去而制成的。为了避免弓箭或长矛对自己身体的伤害,墨西哥地区的印第安人穿的衣服都用棉花填充过了。除了这些,原始人的智力也在战斗中得到了很大提高,诸如一些协作团结、严明纪律,在远处发射信号以及对村庄的防御进行加固等。

现在,我们很多的发明都是通过改进原始的发明而取得的。比如:我们现在使用的火柴就是通过原始人摩擦生火的石头研究出来的;现在的磨面机就是根据原始的手推磨发明的;现代的舰艇就是由爱斯基摩人打猎用的皮筒船发展而来……这一切如同一座座纪念碑,时时刻刻都在纪念着那些逝去的发明家们。

第 2 章

古代人的发明

青铜器时期——为何青铜出现要比铁和钢早——古埃及人的发明家——出现玻璃——古罗马人的发明家——失去发明——中世纪的欧洲

人类的时代被地质学者划分为：第一，旧石器时代；第二，新石器时代；第三，青铜器时代；第四，铁器时代。人们以动物的骨头或角、薄薄的石头为主要原材料制作武器，并且在这一阶段里以打猎的方式维持生计，这样的阶段称为旧石器时代。人类学会种田和饲养动物的时期称为新石器时代。人类最初开始冶炼金属，并且在刀刃上使用金属的时候，就已经进入了青铜器时代。

假如大家以为这些不同的时代是以时间来划分的，那就大错特错了。和其他种族相比较，某些种族的发明要多很多，这是我们前面就讲过的。因此，在地球的不同的地方，这四个不同的时代是

新石器时代的三大基本特征之一是养殖业的出现。图为埃及妇女在挤牛奶

同时进行的。比如，欧洲人发现了正处在新石器时代的北美印第安人，而近期被发现的澳大利亚印第安人依然处在旧石器时代。

对于人类具体是在什么时间、什么地点开始冶炼金属的，没有人清楚，可是距今一定是很久时间了。人们掌握这种技术应当是在一个偶然的机会。一些闪光的物质刚好被燃有熊熊烈火的炉子融化出来，制作这个炉子的岩石中包含着锡金属。这些闪光的物质被部落中的发明者看到了，并且这些闪亮的物质在遇冷后会慢慢变硬的特性也被发现了。

铜和锡相同，质地较软，因此在矛和刀子的制作过程中，它们根本就一点用都没有。可是青铜，也就是铜和锡混合融化后的合金，硬度要超过任何一种组成它的单一的金属。

你一定会产生这样的疑问，青铜的发明为何比铁早？其实非常简单，单就熔点来说，铁的熔点要比铜、锡的熔点高很多。在一般的火焰加热下，就可以把锡融化，可是只有达到了较高的温度才可熔化铁。人类要使用铁，就必须更加聪明，懂得通过风箱可以加强火力。因此，直到使用了很长时间的青铜器后，人们才发现铁这种较为普遍的金属。

对于把铜和锡混合制作成青铜器，人类是在什么情况下开始的首次试验，好像对我们没有什么实际意义了。可是对于人们使用青铜器应当是在5千多年前，这一点我们是可以肯定的。另外一点我们也可以肯定，对待炼制和硬化青铜，早期使用它们的人们一定有着自己的绝活，只可惜

这个四羊方尊是中国商代青铜制造工艺的代表作，它的年代应当是在商代晚期，在现存的商代方尊中，它是最大的。

这个绝活早已失传,我们再也无法找回来了。青铜器被古时候的希腊人、埃及人、罗马人、伊特鲁人等大量地使用着,涉及方方面面,包括刀剑、矛、锯、镰刀,另外还有剃须刀等,但是,青铜器被人们利用制作出了一把剃须刀,并没有发现它有多么好用。数量巨大的青铜器被我们从古墓中挖掘出来,我们研究发现,它们通常的铜、锡混合比例是9∶1。青铜的发明进步非常巨大,人类拥有了金属制作的工具,才能够对居住的房屋和城镇进行建造,从而结束游猎的生活。人类只有制造出那些各种各样的青铜器工具,才可以开始耕田种地,驯养牲畜,定居生活。

最早被人类发明的合金工具就是青铜器,除此之外,古人还掌握了别的几种金属的冶炼方法,例如铁、铅、银、金,还有黄铜等,都被摩西记载在了《旧约圣经》第四卷的第22节中。铁在开始被提炼出来的时候特别软,通过和碳结合成硬度较高的合金钢,这一发明人类一定摸索了很长的时间。

很多美丽的东西在古埃及人的坟墓中被挖掘出来,这些伟大的发明真的令我们眼花缭乱。其中很多令人赞叹的物品,大英博物馆都有收藏。

玻璃的最先发明者或许是埃及人。大英博物馆里收藏了一个玻璃器皿,它的历史应当有43个世纪之久了,它是公元前2300年埃及人使用的。是青铜器时期的一些商人发明了玻璃器皿,这是普林尼的说法,他是罗马一位有名的作家。当然持有这一说法的还有别的人。他们都认为玻璃时在商人们做饭时偶然发现的。为了把做饭用的罐子垫高,商人们用到了货物里的天然碳酸钠或则苏打,这样沙子和碱产生了反应,生成了玻璃。可是,历史学家约瑟夫认为是犹太人发明了玻璃。但是不管怎么样,整个古代世界最终都掌握了玻璃的制造技术,如波斯人喝水时就已经使用了玻璃器皿,学会制造玻璃的还有亚述人,印度人制造玻璃

这个精美的铜像是在1922年被发现的,它是最年轻的法老图坦卡门。

的工艺更加先进，他们甚至已经掌握了制作彩色玻璃的技术，形状如同宝石。罗马古城在公元200年时，其人口总数的1/4都是玻璃制作的工匠。

在制作工具方面，埃及人的本领独具一格，让我们把视线再次投向他们。一个柜子在许多年前的古埃及废墟上被考古学者弗林德斯·皮特里教授发现了，这柜子大概是3200年前埃及的泥瓦匠使用的，有一个钻子和三个中轴放在其中，它们特别少见，钻子可以把中轴留在被钻过的花岗岩里。钻子的做工非常精细，在钻到需要的深度时，使用人员可以把中轴留在那里，然后拿起钻子。皮特里不得不赞叹道："这样的钻子，就是现在的欧洲都未必能够制造出来！"

埃及人把宝石安装在锯和中空钻等工具上，使其可以承受较大的重量，以此来对较硬的石头进行切割，对于这些，我们有足够的证据可以证明。但是，对于他们在金属工具上安装宝石的方法，我们无从知晓。在钻上或者锯上安装宝石，并且在使用的过程中使其不松落下来，恐怕是现代的技术都很难做到。通过烘焙黏土的方法，埃及人创作出了小孩吃奶用的奶瓶。之前还有小贩在街上叫卖和奶瓶用料相似的骨领纽扣，想想看，距离制作它的时间已经非常久远了，那是摩西率领犹太人搬迁出埃及之前制作的。

一些镊子、探针，以及别的外科医生用的工具，在古埃及的坟墓中被发现了，我们由此推断，在当时，外科大夫和医生已经出现了。有充填了金子的牙齿和假牙被发现在木乃伊的下颚中，因此我们说那时应当有了很好的牙医。一有则有意思的故事是和假牙有关的，那就是古罗马的法律《十二章法》有关禁止在葬礼上浪费的规定，它在第十章第一节的内容中明确写道：填充了金子的假牙和死者一同下葬是被允许的。

露天中的石雕可以被埃及人非常完好地保存，但是古埃及人却把保护的办法一同带走了。放大镜也可能是他们使用过的。一个水晶制作的放大镜头被探险家莱亚得在尼姆鲁德（Nimroud）的废墟里发现了，它被大卫·布鲁斯说成是一种光学设备，我们由此认为，放大镜也可能是他们使用过的。

在科学方面，埃及人的成就也非常巨大。十进制数字也是埃及人发明并开始应用的，比较完整的测量系统也是他们发明的，另外他们对工程方面知识同样非常丰富，这一点完全可以凭借一条运输道路看出来，他们通过这条运输道路，把成千上万的石块运送到非常远的地方。国王的尸体经过他们防腐技术的处理，直到现在依然保存完好。人类在宜居的尼罗河流域历经数世纪凝聚起来的智慧结晶全都消失不见了，当然也包括上面提到的防腐技术。有个极为重要的图书馆收存了数量巨大的书籍，它就是亚历山大图书馆，里面收存的图书相传有490 000本之多。有个暴动的宗教组织在狄奥多西时期开始破坏这个图书馆，直到奥马尔率领的阿拉伯人在641年再次对图书馆进行保护。对于这场破坏的评价，褒贬不一，有的说严重险碍了

木乃伊

在尸体上涂抹上香油或者防腐香料等以防被腐蚀的方法，被世界很多的地方应用，其中最为有名的当属埃及的木乃伊。

人类文明的发展；有的说，这为人类打开了一扇新的大门；这个大门直通向新思想、新主意、新发明。

古时候的技艺很多没能流传到今天，防腐技艺不过是其中一种，我们再也没能够重新掌握其要领。

避雷针的使用方法早已被罗马人掌握了。一根古老的长铁杆就被安装在亚得里亚岸边杜伊诺（Duino）城堡最高塔的塔尖上。手拿长矛的士兵在雷雨天气里会被派往那里站岗，这个士兵会拿手中的长矛不时地接近那根长铁杆，假如铁杆与长矛之间迸发出火花，他就会通过敲钟的办法来通知捕鱼人。

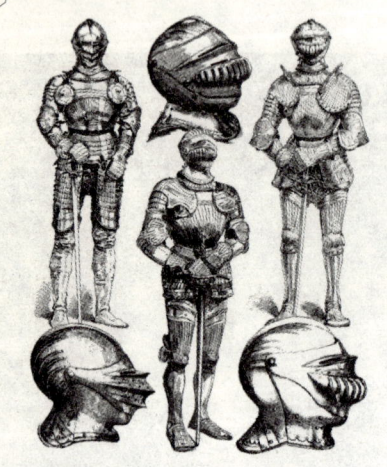

亚麻甲

有关对深井进行钻探的技术,埃及人和中国人都懂,自流井是罗马人使用的,可是有关这些钻井工作的具体步骤,我们并不清楚。这些1千多年前的钻井技术早已失传了。欧洲有一口年代最久、名气最大的自流井,它位于法国的里尔,是被罗马人于1120年打出的。"自流井"这一名称值得我们注意。

有种铠甲可以阻挡锐利刀枪或箭的袭击,它就是亚麻甲(Pilema),通过羊毛或亚麻编织亚麻甲的方法曾经被希腊人掌握着,可是这些方法也失传了,以致永远消失了。1612年,有本关于玻璃的书籍被奈里(Neri)在佛罗伦萨出版发行,有关一种延展性的玻璃,书中曾经这样描述道:"这种技术被后来的人们丢失了,到如今更是完全不见了。假如这种技术被人们掌握的话,人们会更加重视对玻璃的应用,因为和金银相比较,玻璃更加美丽,抗腐蚀性更强,味道、气味皆无,这些特点都是相当肯定的。"这种具有延展功能的玻璃,当年的罗马台比留国王统治时期的人们就可以制作。

有种使玻璃弯曲而不至于断裂的技术也曾被波斯人掌握。相传这项技术曾被17世纪的法国发明人再次掌握了,并且在黎塞留红衣主教半身塑像上使用到了这种延展性的玻璃。可是这个发明人最后被判终身监禁,因为法国玻璃工人的利益会因为他的发明受损,监禁他就是要避免这种损失。

这使我们不得不想到铝的发明人,金属铝材质非常轻,当今的用途很广泛,可是铝的最初发现人却遭受了不幸。在公元约23年至79年间生活的普林尼,他是一位罗马历史学家,他曾讲述了一个有关一位技师在宫殿冶炼金属的故事。有个如同银制的杯子被这位技师拿给台比留国王。在递给国王的时候,技师成心把杯子掉到地上。杯子碰到大理石的地面被损坏了,好像修复不好了。可是最终杯子又被技师当着法官的面修好了。这个杯子被台比留国王拿在手中,重量居然比银质的还要轻很多。台比留国王经过再三询问得知，这种金属是被技师在土（由现代知识推论可知，应当是铝土）里提炼出来的，并且还知道技师是唯一一个掌握了这项提炼技术的人。

可是，国王考虑到自己储存了数量巨大的黄金，害怕由于这种更好的金属被人发现后致使这些黄金变得分文不值了，所以，国王对身后的卫队下达命令，处死了这个发明者，并且对其工厂也进行了破坏。

古埃及神殿大柱子
这石雕是被雕刻在金字塔中的墙壁上的。

这样的事例虽说让人感到心惊胆寒，但还是有不计其数的发明被罗马人发明了。由九段系统化的沟渠组成的自来水系统就是一个很好的例子，如今的城市供水系统中仍然还使用着其中的三段。排水系统也早已被他们发明了，这和100多年前伦敦使用着的相比还要早上很多年。另外，用于榨油，或者对各种谷物和小麦进行磨碎加工的水磨技术，同样被他们掌握了。锯木厂也被他们建立了起来。水钟滴漏，一种计时用的仪器，就是纳西卡于公元前157年发明的。

我们都很清楚，别的国家对于罗马国王统治时期城市中耸立的座座高楼都非常羡慕，他们在此后的数百年里一直都没有能够让这样的梦想变为现实。甚至电梯的原理都早已被罗马的建筑师掌握了，数目不下三部的巨大电梯，在帕拉廷山的凯撒皇宫被人们挖掘出来，国王由广场到帕拉廷山顶就是通过它来帮助实现的。

一些由罗马建筑师在1500年前烧制成的砖建造的砖墙，至今仍然被欧洲的许多国家保留，像葡萄牙就有，所以说罗马技师的技术相当棒。除了砖被他们烧制得特别耐用，就连现代墙体最容易出现问题的地方，他们可以通过有独特配方配制的灰泥和粘合剂加以克服，只可惜这种配制方法早已失传了。

对于如何制作各种色彩的染料，以及如何令各种染料长久不退色等，罗马人和希腊人都非常清楚。

西罗马帝国于476年覆灭，那种近乎于原始的生活状态再次笼罩了整个西方。人们的征战延续了几个世纪。由于没有了读书写字的人，所以各种发明和技艺都停顿在了原有的状态，人们要么是商人，要么是士兵，要么是僧人，要么是奴隶。在当时，仅存有一点文化的就是僧人，但是所学也非常有限。当时发明创造是不被上层鼓励的，给予实践或者赞许就更加不可能了。但是我们仍然要赞扬在那令人胆寒的十个世纪里人们所做的和发明有关的各种实际工作。

罗马引水槽

大马士革的钢和希腊火是另外两个失传的古代发明。锁子甲在这种坚硬、锋利而且韧劲十足的钢面前形同虚设，这种剑刃是数百年前撒拉逊人曾经使用过的，但是恐怕当今的谢菲尔德都制造不出这样的钢刃。对于这种液体燃料的希腊火，我们不是特别了解，可是据说这火若用水或者其他平常的方法是弄不灭的。这个产生了严重后果的发明好像是从东方传入希腊的，之后被罗马的国王看重推广。

在文明方面，中世纪的西方人好像没有前进一步。他们在忽略或者忘记之前历史发明的同时，几乎停止了所有的现代发明，依旧向前

以植物的液汁以及动物的血液等为原料的天然染料，是那个时期人们主要使用的。

进步的只有和战争相关的一些发明。13世纪罗杰·培根发明的火药被人们普遍认为是最重要的发明。可是，当时培根只能够说是英格兰发明火药的第一人，因为对付十字军用的火箭在这之前就已经具备了一种炸药混合物。再者就是培根发明的火药根本就不具备什么使用价值，因为它的威力太小了。一种更具威力的几种粉末的混合体火药在1320年被德意志的僧人施瓦茨发明了。

在欧洲，人们认为是伯索德·施瓦茨（Bethold Schwarz）发明了火药，他是一个德意志的僧人。

爱德华三世在七年后和苏格兰交战时使用了一种威力巨大的加农炮，这种炮被他们称作是"战争之王"（Crackeys of war）在1346年和腓力四世交战时，他在克雷西使用了"战争之王"。英国使用的火药一直都是依赖于从欧洲进口的，直到这次战争后的200多年伊丽莎白女王时期，才把一个火药工厂建立在当时的萨里地区。

发明加农炮的时间是在火药被发明之后。最初的加农炮对敌人产生的危害程度和对自己产生的危害程度基本持平，它是把铁筒用一个铁环箍紧，在口径上比较，炮口要比炮膛大，石球是它的发射炮弹。大炮"山景梅格"是苏格兰人制作的，结果在爱丁堡保卫战中，苏格兰的国王詹姆斯二世被一种称作是"狮子"的炮火炸死了。1401年左右，铸造大炮的材料是用一整块青铜，铁铸的大炮出现在60年之后。首个对大炮熟练使用的英国国王或许就是爱德华四世。罗伯特·威尔士爵士的反叛军队在1470年被爱德华四世的炮兵打得七零八落，四下逃窜。17世纪个头最大的铁铸大炮拥有70厘米的口径，4米的长度，它是被印度毕迦浦尔制造出来的，它发射的炮弹重量可以达到700千克。在那段时期，人们多用"草原霸主"或者"马立克的中点位数"来称呼这些奇怪的大炮。

眼镜应当是在所有中世纪的发明中和战争没有关联的，而从它的用处来说是最好的发明了。首次提出眼镜的是罗杰·培根,一个 11 世纪的阿拉伯作家。在 13 世纪生活的两位意大利僧人被人们认为是眼镜的发明者。最先发明的眼镜非常笨重,并且如此笨重的形态一直保持了将近 500 年。

有关罗马人制作的水钟,我们前面就曾经提过了,对于金·阿尔佛雷德的通过把凹槽刻在蜡烛上来记录时间的装置,你应当并不陌生。相传,德国的马格德堡市的第一个时钟是一个僧人制作的,僧人的名字就是**格勃特**,他就是之后的希尔斯特二世教皇。这个时钟的工作是依靠一个重物来实现的。在规模较大的修道院中推广使用钟是在一个多世纪之后的事情了。只不过,那个时候使用的钟是没有表针和表盘的,只是通过定时对铃铛或者铜锣进行敲打来对僧人的进餐或者祈祷时间进行提醒,这是和现在的钟有区别的地方。

苏格兰开始制作钟已经是 13 世纪的时候了。第一个安装钟的是保罗大教堂,那是在 1286 年,当时他们还雇佣了一个工人来看钟。随后安装钟的还有威斯敏斯特大教堂、坎特伯雷大教堂,以及埃克塞特大教堂。南金士顿博物馆里保存着一个年代最为久远的钟,它的制作者是格拉斯顿伯里·阿比地区的一名僧人,僧人的名字叫做彼特·莱特福。500 年前的阿比非常繁荣,如今却是一片长满野草的废墟,但是彼特在当时制作的钟依然走得特别精准。首个被制作出的钟个头非常庞大,人们制作出的首个方便携带的钟是在 14 世纪。

中国流传着公元前 2643 年,黄帝就发明了航海用的指南针[①]的说法,可是这并没有得到全世界的认可。第一次发明罗盘是在欧洲的 12 世纪,并且被挪威的冒险家们实践使用过了,有明显的证据可以证明这一点。因此说,中世纪欧洲最重要的发明肯定是罗盘。可是无可厚非的是,就对磁针性质的了解来看,西方人远远落后于中国人。

---

①指南针又称指北针,是一种用来辨别方位的简单仪器,它的前身是中国古代四大发明之一的司南。

第3章
复兴时期的伟大

发明印刷术——约翰·谷登堡——发明的再次复苏——威廉·李与织袜机——伽利略的望远镜与詹森的显微镜

假如印刷术被中世纪之前的人们掌握的话，对于那个充满硝烟和战争，并且令人胆寒的中世纪，或许人们就可以躲过去了。当时记录了很多有关罗马、希腊和埃及等地的智慧学者、发明家、教师、艺术家的成就，可是没有印刷术，手工抄写是传播这些书籍的唯一途径，这非常浪费时间并且速度特别慢，因此，只有很少的数量，可以买回家对其进行收藏的只有那些有钱人。

很多在那个时期写出的书，保存下来的只有一两本。数量巨大的书籍连同被它们记录的知识，在凶猛的洪水淹没了意大利后就完全消失了。被杀或者被迫为奴成了教师和学识渊博的人最后可选的路，在终止了几代口头传授的教育之后，西方的整个世界又退回到了原始时期。文明的再次发展是在印刷术出现之后。

近代印刷术是在公元1440年左右，被谷登堡于斯特拉斯堡发明的，这是我们通过学校的学习了解到的。但是，荷兰人持有不同的看法，他们认为印刷术的发明人是哈勒姆市的劳伦斯·杰士逊。为了哄孩子，毛榉树皮被杰士逊做成

小抄写员

帮别人抄写东西这一职业是非常流行的,在印刷术发明之前,甚至出现了一批以帮人抄写为职业的誊写事务所。不过,一定要有大量的人和时间来完成这样的工作。

了纸张形状。随后他发明了适用于薄纸印刷的铅字和油墨。又在这之后,相传是有些铅字被他的工人偷走并跑到美因兹创办了一家印刷厂。由此看来,尝试性的印刷在谷登堡之前的确有人在做,可是最先建立起真正意义的印刷厂,并且把具有现实意义的书籍首次印刷成功的却是谷登堡。

约翰·谷登堡出生于1400年左右,他出生在美因兹一个显赫的家族。可是,他的父母后来把他赶出了家门,斯特拉斯堡接下来就成了他和妻子共同生活的地方。在那里,谷登堡和妻子的生活还算是比较顺利,接受过优良教育的他经营了一家珠宝工厂,但是工厂的规模不是很大,主要的工作是对宝石进行切割和打磨。工厂被他分成了两部分,他和妻子居住的地方就在附近。

谷登堡在一天晚上忽然注意到了一张用雕刻制版技术印刷的扑克牌,我们都很清楚,雕刻制版技术在当时已经被人们掌握了。这张印刷质量较差的扑克牌在谷登堡看来是没有办法使用的。于是,他开始着手进行试验,想印刷出质量更好的扑克牌,他特别自信一定会取得成功。他在几天以后,把一些线条优美,色彩艳丽的扑克牌拿给妻子看,妻子特别高兴。

谷登堡被这次成功深深打动了,随后妻子的名字被他刻到木头上,之后印刷到纸上,他再次取得了成功。一幅圣·克里斯多佛的画像就挂在谷登堡家的墙壁上,它也被谷登堡拿来做成了印刷品。寻找最好木料制作成印刷用的工具,对印刷用的油墨进行创新,这些都要他亲自去完成。这些自制的印刷工具具有非常好的印刷效果,和原版的画像相比,他的印刷品更加美丽,因此,他毫不费力地把很多印刷品都卖掉了。其中一张被他赠送给了大教堂的修道士,这位修道士把一份《圣·约翰故事》回赠给他作为回报。

在拿到《圣·约翰故事》后，谷登堡马上想到了一个更好的点子。他要把这样的书籍印刷出更多本来，底版就是这本《圣·约翰故事》。他的这项工作在三个学徒的帮助下没用多少时间就完成了。可是，由于那个时候认识字的人不多，市场需求较小，因此这次仅有不多的几本经书被他卖出去了。他在一天和修道院的朋友谈论起这件事情后，被告知可以印刷《圣经》。

当这本700多页的《圣经》展现在谷登堡的面前时，他沮丧了，仅制版一项就要30年的时间。他经过很长时间的反复思索，最终想到了建立活字库，也就是把所有单个字母分别制作成小版。

在克服了制版问题后，把单个的小版如何在各行固定的问题又摆在了他的面前。谷登堡试验了很多办法，像什么用铁丝以及细绳等固定，但是都失败了。最终，榨酒机的原理被他应用进来，在格子里放置好一个个的小版。所有问题都被攻克了，第一本《圣经》被他印刷出来，可是还是只卖出了一小部分，情况和上次相同。三个学徒都很失望，其中一个更是不惜违背当初的承诺，偷偷告诉了别人整个印刷过程的方法。自己的发明成果是无论如何也不能落到别人手里的，这是谷登堡的誓言，所以得知了泄密事件后，他把所有的活字都砸碎了。最后，夫妻俩再次回到了美因兹，留在家乡的仅剩下了他的哥哥瑞尔。

谷登堡被热心肠的哥哥介绍给了一个生活富裕的金匠，金匠的名字叫浮士德，谷登堡建设新印刷厂的请求被浮士德应允了。谷登堡的工作再次开始了，可是他发现木字字形不容易保持，很容易被印刷墨水软化。这个问题在他一番左思右想后同样被克服了。金属被他拿来刻版并且对《圣经》进行印刷。可是《圣

谷登堡完善了印刷术

造纸术在很多年前的中国就被发明了，之后又传播到了欧洲，这些都奠定了谷登堡发明的基础。谷登堡之前虽说有些工作已经有人在进行，但是谷登堡对其进行了完善。

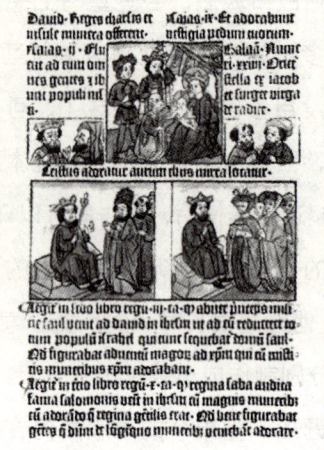

活字印刷的《圣经》

经》在这次被印刷出来后依然没有卖出去多少。在花费了4000弗罗林之后，浮士德忽然变得急躁了。谷登堡被要求马上还钱，但是他根本就没有钱，因此他的印刷机和活字版全都被没收了，同时他还被赶出了工厂。谷登堡这次遭遇非常凄惨，吃饭都成了问题，他再次得到了哥哥瑞尔的帮助。没多长时间，谷登堡又被阿道弗收留了，他是拿骚地区的候选人，他把舒适的住所提供给了谷登堡。跟其他很多的早期发明家不同，谷登堡的命运在晚年没有遭受挨饿致死的悲惨命运。

之后，几个不同版本的《圣经》被浮士德和瑟法利用先前的印刷机印刷出来。印刷机之后又发展到了德国的科隆、汉堡等一些地区，另外还有威尼斯和佛罗伦萨。仅意大利一处，在1480～1490年期间就有1300多本书被印刷出来。欧洲在1500年时制

正在展示自己作品的谷登堡

作的印刷机已经有130台,可见其传播的速度是非常惊人的。

　　为英格兰带去印刷术的是威廉。这项技术是威廉在德国旅游时学会的,他于1476年回到家乡伦敦后,把首家印刷厂建立在了威斯敏斯特区。有些历史书上认为威廉是在威斯敏斯特修道院建立的首家印刷厂,这是不准确的。不久,这样的印刷厂在剑桥、牛津还有英国的别的地方被快速建立起来,一直到1530年,这种欣欣向荣的景象才停止下来。在得知越来越多的人都开始识字以后,英格兰政府变得有些不安了,为了对印刷对象进行审查,他们特地成立了一个机构。毫无疑问,只有极少印刷的东西可以通过政府的审查。假如有人擅自印刷那些未经政府审查批准的东西,法院就会逮捕他,给出特别残酷的惩罚。英格兰的这种迫害政策一直持续了150多年。这在中世纪看来,黎明已经不远了。英国的印刷技术在政府于1694年把审查机构撤销以后又迅速发展。当时世界上的报纸,大概有3/4是由英国印刷的。

　　沉寂了几个世纪的发明再次开始复苏,是在现代印刷术被发明时或者再向前一点点。在被征服很长一段时期后,诺曼底人的生活都特别凄惨,就连王公贵族也不例外,即便是当今最穷苦的人也不愿意过那样的生活。我们看不到有玻璃存在于房屋的窗户上,看不到有地毯铺在谁家地板上,我们找不到合适的言语来形容一切一切脏兮兮的东西。四处都是各种各样的害虫,这些都是上流社会所不愿意看到的,就是最大的城堡也不例外。吃饭用的汤勺和叉子等是根本没有的,仅存的盘子制作材料还是锡铅合金的,不仅如此,除了生活富有的人,别人是用不起这种盘子的。口里的唾液包住了整个的烟斗,生活所需品都是人们拿刀子抢来的,之后这些东西都被放到自己前面的面包上。喝啤酒用的是锡铅合金的杯子或者牛角杯。床单和睡衣根本就看不到,条件好些的也不过是铺上个粗毡子,再糟糕的就是用一个麻袋装满了稻草铺在上面。洗澡同样不便,几乎没有人会想到这个问题,因为他们根本找不到牙粉或者香皂。

　　在寒冷的冬天,体质较差的人和年龄较大的人会被冻得颤颤发抖,仅存的一个火苗就在城堡的大厅里,但是燃烧时,整间屋子都会被烟雾弥漫,这是因为只有房屋顶上的一个小洞充当烟窗的作用。用来保暖的合身衣服,他们是没有的,能够穿得起内衣的只是极少数人,其实内衣也不过是用硬硬的羊毛纺织成的,穿长短袜子更是太奢侈了!食物的质量非常差,数量更是严重匮乏,哪怕是生活富有的人也吃不上蔬菜,只有黑乎乎的面包。一到秋季,几乎所有的牛羊都要被杀掉,用它们的肉来腌制咸肉,因为根本就没有用来喂养它们的饲料。许多人都患有坏血病,这都是因为长时间缺乏绿色食物,只食咸肉导致的。和黑死病以及伤寒相比较,得坏血病的死亡人数要高出很多倍,这也是没有医生而导致的结果。

不幸的场景同样发生在室外,马车、道路是根本看不到的,政府都禁止使用四个轮子的大马车。人们认为,要使得贵族们保持战斗力,不至于变得慵懒,就要让其步行。伦敦在1417年之前对所有的街道都没有进行铺设,这种状况一直延续到1605年,街道上泥泞,步行在上面的人们有时膝盖都会被淹没,非常可怜。

对待这样肮脏的生活条件,英格兰人都失去了耐心,为了改善生活条件,他们大量进口其他国家的奢侈品和生活用品。地毯是从东方进口的,玻璃制品是从法国和意大利进口的(英格兰在1550年以前没有一家玻璃工厂),他们还进口了罗马人使用的肥皂液,在15世纪末期进口了意大利的餐具。英国人渐渐

坏血病是由于缺乏维生素C引发的,13世纪十字军东征时期,有过明确关于坏血病的记载。人们在17~18世纪找到了防治坏血病的办法,那就是利用新鲜蔬菜、柠檬、柑橘。

战争自人类出现以来就一直不曾消失过；社会革命和新格局的建立都离不开战争。战争中的人们饱尝辛酸，环境被破坏，经济发展被迫停滞。

受到了这些进口物品的启发，逐渐开始对这些物品积极动脑筋仿造，一次伟大的复兴即将来临。

结束了这没完没了的征战，积累财富自然成了人们的首要目标。安全感再次回到人们的身边，对生活的美好憧憬再次引导人们前行。一千八百年前罗马人在英格兰建立起一些对谷物进行碾碎的磨粉厂，至今仍有两个罗马人建设的磨石保存在约克郡的阿德尔。首个被记录的磨粉厂是巴尔托洛梅奥·佛得角于1332年在威尼斯建成的。

英格兰在16世纪以前都是从国外进口天鹅绒、丝绸以及衣服等，他们自己发明了长袜。但是那个时候并没有专用的机器来纺织袜子，袜子都是由丝绸布料连接起来做成的，就连刚刚登上宝座的伊丽莎白女王穿的袜子也不例外。我们在这里要提出来的是，为了对缝合线起到遮掩作用，人们在长袜上缝上了"钟表"等装饰物。

提到长袜，有必要提一下威廉·李，他是一个英国人，教堂的牧师特别机智勇敢，生活在伊丽莎白女王时期，织袜机就是由他发明的。在那个时候，威廉·李和一个女孩谈恋爱，可是对于威廉·李的甜言蜜语，女孩根本就没有时

伊丽莎白一世于1558年11月17日至1603年3月24日任英格兰王国和爱尔兰女王,她不但成功地保持了英格兰的统一,而且使英格兰成为欧洲最强大的国家之一。

间听,更别提说话聊天了,因为每当威廉·李去女孩那里,总是看到女孩忙碌着织长袜。经过了很长的一段时间,威廉·李再也无法忍受了,看到女孩整天都在忙碌的身影,他有些烦躁,郁闷,他暗自发誓,为了帮助女孩得到解脱,他要发明一种机器。

威廉·李把别的事情都放到了一边,包括牧师的工作,集中了全部精力对织袜机进行研究。之前对威廉·李如此冷漠的女孩感到特别难过。为了劝说威廉·李重新回到教堂工作,女孩付出了巨大的努力,但还是没有动摇威廉·李的意志。功夫不负有心人,世界上第一台织袜机在三年后,被威廉·李制造了出来。

为了使自己对这个机器有垄断的权利,他特意前往伦敦向女王申请专利,他高高兴兴地从诺丁汉出发了。可是,女王的回答却是否定的,女王说:"假如这个机器被垄断,很多以编织羊毛袜子为生的穷苦人就会失去谋生的手段,若是你想取得专利权,只有把编织丝绸袜子的机器研究出来才可以。"

威廉·李遭此打击,可是心中依然充满希望。在亨斯顿,他找到了一个织袜学徒工,这是他朋友的儿子,其父亲是个有着皇家血统的爵士。

授课的同时,他开始了对丝绸织袜机的研究。和底部拥有8根针的机器相比,又有一个拥有20根针的机器被他在1595年制造出来。有一次他拜见女王又提出了专利申请,可是依然没有得到肯定的答复。威廉·李没有放弃。李的学徒们都在自己的脖子上佩戴了一根银链,并且有一只银梭吊在了上面,以表示自己内心的愉快之情。

在杭思顿的爵士父子先后去世后,威廉·李精神受到了很大的打击,几乎崩溃,没过多久,他只身前往法国。他的发明深受法国国王亨利四世的喜爱。国王还答应要建一个工厂,但是,国王在工厂尚未建设完成的时候被暗杀了。威廉·李此时感到一点希望也没有了。最终,在法国里昂,威廉·李孤独地离开了人世。

早些时候,哪怕是生活在上流社会的人们,对于发明家的了解都非常少,甚至有些看不起,这使得发明的道路总是充满了荆棘,赚大钱根本就是一种奢望,可以维持生计的发明家就已经算是非常不错了。

望远镜的发明者伽利略是另外的一个例子。

另一门古老的学科就是天文学,也可以称之为对天体进行研究的学科。对于地球是圆的,它一直都在围绕着太阳转这一点,著名希腊天文学家阿里斯塔克斯早就知道的,只不过他被后人遗忘了。当17世纪这一学说再次被哥白尼提出之后,却受到了所有人的指责,哥白尼甚至被罗瑟当众辱骂成"傲慢的傻子"。

伽利略出生在1564年意大利的比萨市,和很多同龄的小朋友相比,伽利

为了每天都可以告诉人们最新的观测结果,伽利略每晚对天气的观察都非常用心。

略了解到的事情要多很多。重量为 100 千克的物体和重量为 1 千克物体,两者下落速度相比较,前者是后者的 100 倍,这是当时人们的普遍认识。伽利略却认为是错误的,并且在非常著名的比萨斜塔上得到了证明。两个同时在斜塔下落的重量不同的铁球,落地的时间居然一致。

你一定想不到,这些并没有给伽利略带来任何的名誉和声望,相反,他被人们当成了一个术士,到处受到人们的嘲笑和讽刺,就连他的学生都不例外。为了远离充满偏执的比萨,伽利略来到了帕多瓦,他在那里发明了望远镜。首个望远镜镜筒是由铅管制成的,镜头就放在铅管的里面,是个极其笨重的家伙。没多久,他又制作出了一个更大的望远镜,物体可以被这个新望远镜在距离上拉近 30 倍,形状则放大 1000 倍。月球上的山脉、木星的卫星、太阳黑子等,都是他利用望远镜发现的。

这些远方的景象被他生动地讲解给了周围的人们听。可是因为他主张太阳静止地球运动的言论,以及宣扬地球围绕太阳旋转而引起了潮汐运动等学说,这些都违背了教堂的教义,不仅如此,经过多次的劝解他始终不肯悔改,所以他的书籍被宗教裁判庭禁止销售,并且为了对他的所谓罪行进行控诉,宗教裁判庭还成立专门的委员会。罗马的宗教裁判庭警告伽利略,假如他能够悔改就可以免受严刑拷打,可是这并没有使这位年近古稀的老人放弃自己的学说,他选择了沉默。他没有屈服于任何的威胁,他坚信真理是永远存在的。他的学说被证实了,笼罩了欧洲几个世纪的宗教迷信学说最终被科学替代了。

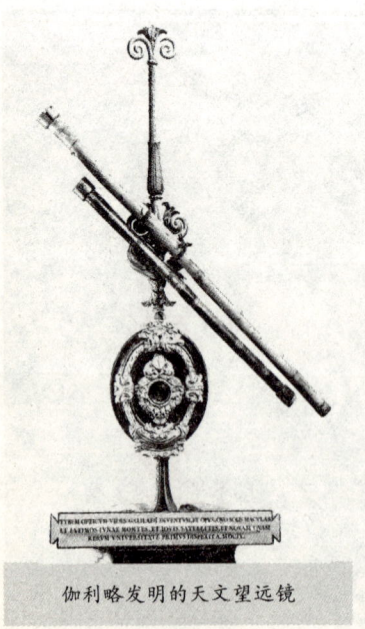

伽利略发明的天文望远镜

对距离遥远的天体进行观察,我们有了望远镜的帮助,这比过去前进了一大步,但是对我们肉眼看不到的微小物体进行观察,那就要依靠显微镜的帮助了，这是更重要的进步。显微镜的出现推动了先前许多发明的进展，把初级医学推向更高的层次，人们开始了解一些使人发病的传染病病菌，对诸如酵母一类的酵素开始有了初步了解，揭开了冶金家们对金属结构的研究。另外，在考古学领域的研究，同样离不开显微镜的帮助。

最先发明显微镜的是荷兰的詹森，大概是在1590年，他和伽利略生活在同一个时期，所以我们在这里顺便提一下。首个显微镜非常粗糙，经过它看出来的图像都和原本的物体形状有很大的区别。对显微镜的使用进入全新的阶段是在大约150年后，消色差透镜的出现，它是被切斯特·穆尔·霍尔发明的。毛细血管被马尔比基使用显微镜发现是在1661年，这种血管的大小如同人体上的毛发。身体中的血液是怎样循环的这一现象被威廉姆·哈维于1628年发现了。

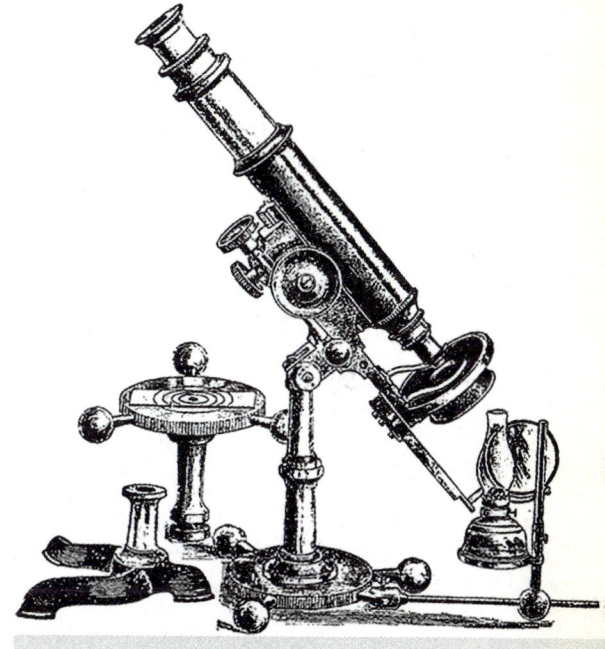

这是个复式显微镜，是17世纪英国制造的。微小的物体可以被球形透明体放大，这一现象早在公元前1世纪就已被人们有所了解，之后人们慢慢掌握了其放大物体的规律。

17世纪是个发明渐渐复兴的时期。《发明的世纪》一书的作者——英国的伍斯特侯爵是那一时期最伟大的发明家，就在那一时期，他的各种发明超过了100项，可以把水的高度提升12米的蒸汽器械就是其中的一项。蒸汽机的发明对后人的推动作用是巨大的，但这对于首个蒸汽机的发明者伍斯特侯爵来说，是他根本想象不到的。

伍斯特的一些想法远远走在了他所处时代的前面，这完全可以通过《发明的世纪》一书体现出来,假如大家有时间可以读一下。比如,在船的重要部位接连受到100次攻击时,船都不会沉入水里的想法,就是由他提出来的。两个世纪后,被人们普遍使用的水密室原理就是由伍斯特最先发现的。另外,在船的甲板上安装一个风车,利用它带动船桨工作从而驱动船只前进,同样是他想到的。除了这些,运河水闸、简易桥梁和17世纪的左轮手枪(上一次子弹,可以接连发射12次子弹)等都是由他发明的。飞船的有关实验他也进行过,发明一种早期的世界语同样是他的梦想。

第 4 章
锡、铁、钢

铁器的制作——用煤冶炼铁——锡工艺与餐具——发明煤溪谷——铸钢

爱德华勋爵之子达德利是 17 世纪英格兰诸多令人赞叹人物中的一个。在 1599 年达德利出生时,伍斯特郡的达德利城堡内外生活的工人至少是 20 人,这里俨然已经成为铁的加工中心。木材是当时炼铁用的主要能源,这就使得大量的好木材被砍来消耗掉,于是,在以"森林之郡"著称的伍斯特郡里,木炭的价格越来越高。

在达德利之前,不用说是英国,就是全世界都没有人想到过用煤替代木材炼铁,可恰恰就有 3 米多厚的煤层储存在伍斯特郡的附近,并且煤层下面还有炼铁无法缺少的材料——石灰石,那里有 1.2 米厚,含量丰富。

达德利被父亲送往学校学习炼铁技术,就是伍斯特郡的彭森特牛津大学列尔学院。用煤炼铁的想法萌发在一次回家的路上,当时达德利发

为了谋生,人们不得不从事挖煤这项特别辛苦的工作。

早期的煤矿工人

现路两边的树木都被人们砍伐完了。他利用把木材转变为木炭的方法,把煤转变成焦炭。没过多长时间,他就把只需一个熔炉、一周时间就可以冶炼3吨高质量的铁,这样的好消息告诉了父亲。对于自己发明的全新炼铁技术,达德利在1620年获得了专利。他把新的熔炉建在了克莱德利,并把部分的产品送往伦敦进行检测,结果证实都具有较高的质量。除此之外,改用这样的铁制作猎枪性能会大大提高。

达德利的新工厂在一年之后被一场名字叫"五月末日洪水"的洪水冲毁了。因为达德利工厂生产出来的铁质量高、成本低,所以克莱德利地区其他的炼铁工厂对于达德利的工厂被洪水冲毁非但不表示同情,反而幸灾乐祸。

达德利克服重重困难将新的工厂再一次建立起来。虽然周围反对的声音四起,可是对于自己炼制出的铁有很高的质量,在制作卡宾枪、步枪、船上使用到的螺丝和铁锚等方面更加适合这一点上,他从来都没有放弃希望。大量高质量的铁被他生产出来,售价仅为12英镑/吨。他因此招致了别的炼铁厂联合攻击,最终吃了官司,根据判决,他不得不被迫离开克莱德利的炼铁工厂。他把一个更大的熔炉建造在了哈斯高大桥——距离赛德里非常近,生产水平达到了7吨/周。新的煤层同时被达德利成功开采。他的新工厂突然有一天被一群气急败坏的暴徒砸得一片狼藉,所有机械、风箱等都被捣毁了,这是被木炭工人煽动的。债权人把受到迫害的达德利也送进了伦敦监狱。

埃利奥特少校是达德利在监狱中结识的一位好朋友,从监狱逃出来就是他们两人协作的结果。他们逃出后白日里就在树上躲着,赶路都在夜晚,这主要是为了躲避监狱人员的追捕。在伦敦,他们的逃亡生活结束,又一次被捕入狱,这次改判为死刑。被枪毙的日期就定在1648年8月21日。可就在8月16日,也就是刑期的上一个周日,达德利再次越狱出逃,这次和他一起出逃的是11个保皇党成员,他们把狱卒杀死了。达德利在出逃的过程中腿部不幸被枪击伤了,之后仅凭一根拐杖和自己坚韧的毅力,一瘸一拐地从英格兰逃到了布里斯托尔,那里的老朋友对他照料得特别细心。那个时候的达德利拥有的财产,除了利用煤炼铁的技术,别的什么都没有了。没多长时间,又有两个商人被他说服愿意把资金提供给他,用于炼铁。但是不知为何,他们之间发生了争执,炼铁的希望再次破灭。

许多人在那个时候都在尝试用煤炼铁,可是并没有人获得成功。也有人企图得到达德利的帮助,可是没有如愿。对于自己的秘密达德利一直守口如瓶,他想着有朝一日可以恢复专利权。达德利凭借和英国国王查尔斯二世的父亲是好朋友的关系,想要回自己的专利权,但是他的请求被绝情的查尔斯二世回绝了。

一夜之间,绝望的达德利苍老了许多。从此后,他就如同一座伍斯特郡寂静的坟墓,万念俱灰地度过了自己的余生,一直到85岁逝世。达德利虽说在后半生工作上没有任何的成效,可是对于其"英格兰最伟大发明家"的称号,我们无法否认,英国就是凭借他的发明成为最早使用煤炼铁的国家。

意志坚强的科伦威尔人——安德鲁·延安东(Anarew Yarranton,1619-1684),他和达德利一样,同样是伍斯特铁厂的一名工人,他和达德利生活在同一个世纪,也是一个非常伟大的人,可是人们好像都要记不起他了。内战时他到处战斗,在1652年

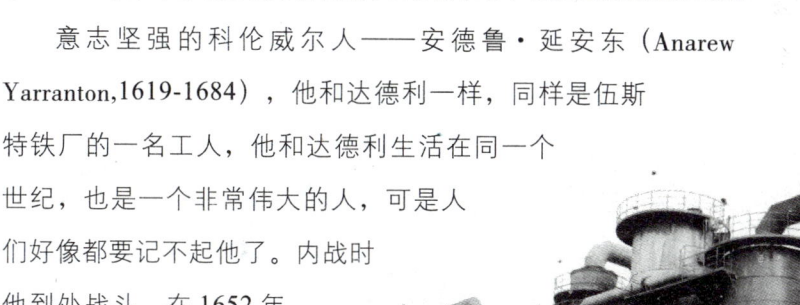

煤炭是早期的冶炼厂使用的主要燃料,可是煤的燃烧温度只能炼制合金,不可以用来炼制精钢。

开设了一家炼铁厂。没多久,他也踉跄入狱,因为故意杀人罪,可是后来又被释放了,原来是被冤枉了。

出狱后的延安东忽然对运河事业产生了浓厚兴趣,他想着为了方便把盐从德罗伊特为奇城经水路运至塞汶河去,应当加深塞罗瓦普(Salwarp)河道。英国在那个时期的运河是没有名称的,这和道路是相同的。把塞汶河与泰晤士河用水路连接起来的方法就是由他提出了的,就连运河的路线他都画了出来,就在他去世后的100多年,人们所选用的运河线路其实就是当初他选的。

他首先发现轮流种植植物的必要性,可见他聪明绝顶,想法具有前瞻合理性。在那个时代,每一块土地上都是年复一年地种植同样的庄稼,土壤已经非常贫瘠。为了使经常种植黑麦和小麦的土地恢复到从前的肥沃程度,变得富含营养,他特地引进了苜蓿种植。几千平方公里的土地使用这样的方法增产数倍。在伦敦市建立新的码头,这个想法他也曾有过,可是等人们开始着手进行建造已经是他去世150年之后的事情了。

这些最多只能是说是好主意,算不上什么发明,读完上文,你或许会有这样的想法。但是延安东发明了锡铁工业,在所有发明者当中,他的地位特别高,南威尔士就因为他的发明而变得非常富有。英国工业当时很不景气,本国锡的储量虽说非常大,但是所有的铁皮仍需从国外进口。和德国萨克森进口的金属板相比较,在迪安林区由延安东工厂生产的板材质量要好很多,好名声马上传遍了四方。

延安东并没有因此而骄傲,仍旧努力工作着,和其他英国人相比,他为祖国做出的贡献要多许多。在那个时候,就捕捞技术来说,荷兰要远远领先于英国,在英国自己的海岸,荷兰人捕获大量的鱼之后,又在英国的港口卖给英国人。延安东看到了这一点,为了使自己国家的捕捞业有更大的发展,他在荷兰游历期间努力

17世纪的冶炼厂的主要燃料是煤碳

学习先进的捕捞技术，然后回国再传授给本国人民。另外，为了减少进口亚麻布，为自己的国家每年节约出200万英镑的资金，他建议英国政府大力发展亚麻种植业，以求自己来制作亚麻布。

延安东是英国一个世纪或者更长的时期里少有的卓越人物，这一点可以通过他在1677年出版的影响非常深远的著作《从陆地和海洋发展英国》一书中明确体现出来。英国日后一定会成为制造业大国，而非农业大国，这曾是他的预言。可是，无论在延安东生前或者死后，国家从没有给予过他任何的奖励，这是极其不公平的。事实如此，对于这个对祖国有着卓越贡献的人，英国人确实做得不够好，就我了解的情况看，延安东仅仅得到了一个现代作家的赞誉，这个人就是塞缪尔·斯迈尔斯（Samuel Smiles，1812～1904，英国19世纪道德学家、社会学家、散文家）。

对于两个伟大炼铁工厂主的故事我们上面已经讲完了，接下来是第三个——亚伯拉罕·达比。英国历史上首个用煤大规模炼铁的人就是达比，另外，制造铁钳锅的第一人也是他，还有一些其他东西也是由他发明的，可是铁钳锅将会成为我们故事的开始。

塞缪尔·斯迈尔斯

在那个年代，铁罐是大多数家庭做饭使用的工具，因为火炉和厨灶还没有人发明出来。可是在当时，英国人使用的铁罐都是从国外进口的，国内没有人会制作铁罐。所以说铁罐在英国一定有特别广阔的市场前景，对这一点，达比非常肯定。他首先想到是铸造铁罐，可是经过一番艰辛的努力，他用泥土制作的模型全都破裂了。他后来发现模型的材料其实应当用沙子，这是他于1706年在荷兰发现的。在他回国后实验又开始了，为了对自己的研究保密，他把实验放在一个车间里进行，并且所有门缝都被他堵死了。质量较好的铁罐历经无数次的实验总算被制造出来了。后来，他的这项发明被授予了皇家专利，也就是说，在此后的14年里，除了达比，别人是没有权利制作铁罐的。

达比后来开始大量生产铁罐是在什罗普郡的煤溪谷地区。聪明的达比马上陷入了燃料缺乏的状况,因为他炼铁用的燃料仍然是木炭,时间不长他就把四周的树木用光了。这其实是一种必然的情况,因为他每周需要燃料的量特别巨大,毕竟他的产量是每周炼铁10吨左右,生产的大铁罐在20个以上。一天,周围储量丰富的煤炭被达比发现了,这也就解决了他遇到的问题,他所使用的方法是利用混合在一起的木炭、煤、泥煤制作成焦炭,然后用焦炭来替代木炭作为炼铁燃料。此后,一直到达比逝世,他的生意是越做越大。

他的事业后来被他的儿子和孙子相继传承,英国的煤溪谷在1747年因为生产出质量最好的铁而威名远扬。这些铁被人们用作了制造大炮的原材料,燃料仍然是煤。公司把分公司分别设立在了伦敦、利物浦、布里斯托,同时对深层煤的挖掘开始了。可是不断有水流入煤矿中,这极大地影响了深层煤矿的挖掘工作。蒸汽泵就是在这种情况下应运而生的,它可以把里面的水排出煤矿。

1763年,煤溪谷来了一位新的经理,他就是理查德·雷诺兹。一种新的炼铁方法被他和两个工头研制成功了,那就是铁在被煤炭火苗加热的同时不会和火苗混合在一起,一种全新的炼铁熔炉——反射炉由此被他们制作成功了。在反射炉中,金属放置层的铁可以被风吹入的火苗单独加热。这是一个特别重要的发明,因为铁的质量在这样情况下会变得更好。

雷诺兹还有一个重要的发明,那就是铁路,当然机车是在很长时间后才出现的。在当时,使用的运煤车都非常简陋,从矿

煤溪谷地区是英国工业革命时期主要产煤区。

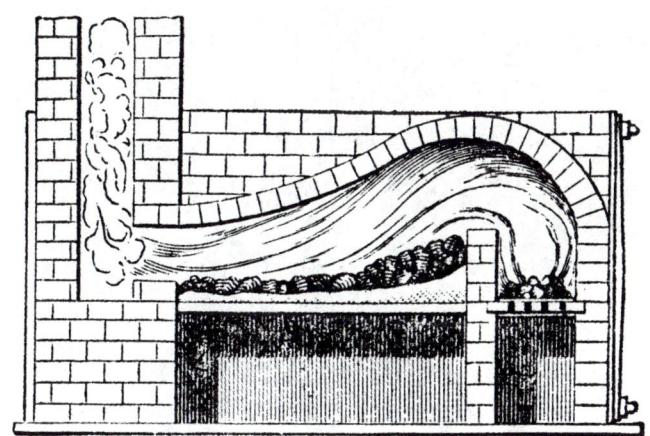

理查德·雷诺兹发明的反射炉。

场到工厂铺设的都是木制的轨道，轨道的使用寿命特别短暂，在重压下发生破裂是常有的事情。利用铁轨替代木制轨道的方法就是雷诺兹想出来的，并收到了很好的成效，全部的木制轨道都被铁轨取代完成是在1767年。

现在，在英国的城市当中，煤溪谷应当是人口众多的了。面对日益增长的交通需求，那个贯穿塞汶河唯一的交通要道老渡口已经无法满足要求了。为了缓解交通压力，煤溪谷急需建造一座大桥，亚伯拉罕·达比就曾经提出过建议，只是因为他的逝世，计划被中断了。之后，他的工作被自己的儿子接替了，建造横跨塞汶河的铁制大桥同样是他儿子的愿望，不仅如此，这个年轻人甚至连起的名字都和自己父亲的相同。

关于修建铁桥的想法，法国人也曾想到过，可是并没有取得成功，最后还是建设成了木桥。因此对于年少的达比来说，想要借鉴成功的经验是不可能了。建造计划是他和工头托马斯·格雷戈里一同设计的，开工建设是在1777年。

达比的成功被这个庞然大物证实了，这座以其所在的城镇命名的铁桥被人们使用了100多年。发明家的工作因为这次的发明得到了人们的认可。1788年，一个代表着无尚荣誉的金质奖章由艺术协会颁发给达比先生。

铸钢是18世纪的又一个伟大发明。人类历史上最为重要的发明就包括钢，

在铁制容器出现后,铁匠开始走街串巷修补铁锅。陶器是铁器出现之前人们一直都在使用的容器,可是陶器无法长期使用,因为它太容易碎了。

它是铁和碳的混合物,铸造方法极其特殊,这一点我们是比较了解的。当时知道的几乎所有材料都可以被切割和修整,完全是因为有了比较坚硬的钢的出现。犹如钻石一般的坚硬只是钢的一个方面,特别的柔软是其另一方面,所有形状都可以用钢切割和弯曲出来,比如,铁皮的压制,头发丝般细丝的拉伸等。

对于钢的提炼,人类早在几千年以前就开始了,这多少都有些偶然。提炼高质量的钢可以变得和炼铁同样容易,那就是把一种纯粹的矿石,譬如铁矿石精炼一番就可以了。钢首先是被东方国家提炼出来的,古代的"优质刀刃之乡"说的就是大马士革,可是当时的产量并不能满足人们的需求,即便是炼钢用的木炭充足,但是磁铁矿是非常有限的。钢铁危机在一个半世纪以前就曾发生过一次。应当想办法从普通的矿石中提炼钢,随之走进人们的意识里。因此,对于本杰明·亨斯迈具有纪念意义的发明,我们有必要讲述一下。

1704年出生在林肯郡的本杰明·亨斯迈(Benjamin Hantsmah,1704~1776),在其刚刚成年后,马上在唐卡斯特市经营起了钟表生意,这一切都要归功于他在机械方面的卓越才能。所有的问题到他这里都可以找到解决的办法,在邻居的印象里,他就是一个无所不能的人。除了对机械精通之外,他还是一个高超的眼科和外科医生。

促使亨斯迈研究钢材冶炼技术的原因是,钢是他制作钟表弹簧的必需原料,可是市面上流通的钢都没有太高的质量。他的实验开始于1740年，搬到谢菲尔德之后，一个特别耐高温的钳锅和一个温度非常高的熔炉被他建造成功了。可是与此实验有关的文字记录，并没有被亨斯迈留下来，这真的令人感到惋惜。在他逝世后，很多的缺陷钢被人们在他的铸造厂周围挖掘出来，可见他一定是耗费了很多的时间，并且失败的次数更是不计其数。但是，他最终一定是取得了成功，除了制作铸铁锭，高质量的钢也被他提炼出来了，这一点我们非常肯定。

谢菲尔德的工匠们居然反感亨斯迈炼出来的特别坚硬的钢，拒绝为他加工刀子。结果这坚硬的钢被亨斯迈出口到了法国，这东西非常受法国的欢迎。对于这种钢材的出口，谢菲尔德的工匠都特别生气，在百般阻挠没有成功的情况下，他们也被迫开始使用这种钢材。在以后的日子里，他们开始想尽办法偷盗这种炼钢的方法，可是并没有取得成功，亨斯迈太聪明了。

在一个寒冬的夜晚，为了偷取亨斯迈炼钢的方法，沃克的炼铁厂主伪装成了流浪汉来到了亨斯迈铸造厂的大门口，他穿了一身破旧的衣衫，正被冻得浑身颤抖的他被一个工人发现了，他被领进工厂里烤火，他最终成功了。可是亨斯迈炼制的钢材质量仍然是最好的，他的生意逐渐扩大。1776年，他的儿子在他去世后接管了工厂。亨斯迈的伤心地就在谢菲尔德，可是这位颇具才华的发明家的荣誉和财富同样是在这个地方积累起来的。

亨斯迈发明了钳锅炼钢

亨利·贝西默画像

在研究大炮和发射理论之前，亨利·贝西默（Henry Bessemer，1813~1898年）就已经是一个很有名气的发明家了，他是炼钢领域的又一位伟人。必须有一种更好的方法才可以进一步提高钢的质量，贝西默很清楚这一点。他有一个重大的发现，具有划时代的意义，那就是为了减少铸铁到钢液的用量，可以添加对氧的使用，这是他多年试验的结果。但是，令人满意的钢总是没有办法通过这些铁炼出来。最后，提炼高质量钢的方法终于被他掌握了，那就是必须用含磷少的铁作原料才可以。

贝西默由此而获得了"钢铁时代之父"的殊荣，成功和财富双双而至。相同的炼钢方法也被威廉·凯利掌握了，他是一个美国人。可是在申请专利时他没有取得成功，而贝西默成功地在美国取得专利，他邀请了凯利一同参与钢材的生产，在钢材生产上，英国和美国成为了竞争对手。

钢铁工业在进过熔炉改进等一系列发明推动下取得突飞猛进的发展，成本变得更加低廉，作用更加重要，俨然已经可以和人们之前使用过的材料一较高下，成了跻身现代工业不可缺少的原材料。所以人们称这个时代为"钢铁时代"。

第5章
发明手表和时钟

日晷——沙漏——机械时钟——手表——航海天文钟与约翰·哈里斯——微型打簧表与阿诺德

在早期的人类文明史中，对于时间的测量方法一直是人们认为急需的。阳光下植物影子伴随着时间移动是特别有规律的，注意到这一点的是石器时期的远古人。所以，这些知识被他们用来安排会议的时间，地点和在物体的影子到达某一特定的地点时开始会议，而会议的举办地点就在这个物体的附近。

人们的生产和生活习惯之所以遵循太阳的运行规律，是因为经过认真的观察，人们发现太阳的运行过程就像神一样，具有特别的规律。在夜晚，人们同样有一套计时方法，这和白天的相似，是通过对星星的排列规律认真观察和研究得出来的。为了区分跨越时间较长的复杂事物，人们又依照天体的运行，划分出了年、月。

阿波罗，被人们称之为太阳神

对时间方面的认识，人类走得特别缓慢，第一个测量仪器——日晷的出现已经是 27 世纪前的事情了。和人们利用影子标记时间相比，这不过是一个非常小的进步而已。

日晷根本就无法满足人们对时间进行测量的需求，因为它对时间的测量是离不开阳光的，在没有阳光的天气里它就无法使用，晚上就更不用提了。漏壶，又名水钟、水时计，就是在这样的情况下被人们发明出来的。在测量时间方面，这个机械不过是一个简单的发明，可是它却奠定了现代精密时钟的发展基础。

起初水钟的做工是极其简易的，在一个底部有一个小孔的罐子侧面刻上标尺，这样水就可以通过小孔以恒定的速度慢慢滴出来。通过侧面的标尺，我们就可以看出水面下降所用的时间。之后，水钟被人们做了小小的改动，他们把一个小罐子放到了大罐子上面。这样在小罐子不断向大罐子注水的时候，大罐子中的浮子就会不断上升，从而表示出时间。这样时间的精确度进一步提高了。

再次把时间的计量精度提高上去的是一个希腊人，他生活在公元前 140 年左右的亚历山大帝国时期。他使用的原理是齿轮齿杆，在浮子上安装好齿杆，齿轮的运动就是靠浮子带动上升的齿杆引起的。

时间通过指针和面板标示。虽说是经历了 1000 多年的发展，钟表才被安装在大教堂和别的公共建筑物上，但是，人们迟早会制作出钟表所有的机械零部件。13 ~ 14 世纪之间人们开始制作钟表，可是，直到 15 世纪，水时计才脱离开人们的视线。和水时计相比，沙

沙漏，又名沙钟，一种计量时间的仪器，我国的古代发明。和漏刻的制作原理基本相同，它对时间的计量是通过从一个容器流到另一个容器里的沙子数量确定的。

钟表刚开始出现的时候,大多被放置在大教堂和别的公共建筑等地方。

漏的发明要晚一些,它发挥作用是在水结冰时。现在仍有很多的家庭主妇在煮鸡蛋时使用到沙漏。

在我们今天充满神奇的生活中,所有的平常物品都有自己奇特的起源,有着精美插图的《穿越时代——让时间告诉你》一书对此有着特别详尽的叙述。根据书中的记载,钟表制作开始于英格索尔钟表公司,由于他们希望自己制作的钟表可以给人们以帮助,而真正的工匠又被这样的独特情结打动了,所以他们开始了艰辛的制作过程。

我们现在无法确定到底是什么时间开始的钟表制作。我们推断这要追溯到12世纪,当然1232年弗雷德克二世国王接受埃及苏丹赠送钟表的故事是首个关于钟表记载的。根据记载,曾有两个钟在1288年分别被安装在坎特伯雷和威斯敏斯特大教堂。可以和韦尔斯大教堂的钟一比高下的,就是1326年在圣·奥尔本被一群修道士修造的钟表,它上面带有不同的天体。在所有这些教堂大钟中最著名的就是现在仍然存在的建造于1392年的那座。

这个钟内圈指示器是星星状的代表分钟,一天里的24个小时就用外圈的英文字母表示,最外圈指示器使用小月亮状的代表一个月的某一日,内表盘的直

径是1.7米。还有其他天体的资料存在于它美丽的表盘面板上面。每到整点时刻，表盘上两个固定的武士就会旋转到相反的方向。还有一个奇怪的男人像悬挂在这个钟的上面，它会在整点和整刻钟时敲钟。这个钟的另一面表盘同样在大教堂的外面，有两个15世纪身穿铠甲的勇士在上面，勇士手里的战斧会在每个整点钟或者整刻钟把钟声敲响。许多模仿它制作的钟表在后来出现了，现在南肯斯顿的机械博物馆里摆放的是最早的一个。

手表是在16世纪出现的，这一点我们很清楚。对于彼德·伦，1511年的一位老作家曾这样说过："对于他完成的工作，任何优秀的数学家都会给予赞扬，他用铁制造出的手表特别便于携带，口袋里和钱包里都可以装下它。表里面完全是一些小齿轮，不管你身在何方，这个钟表都可以播报时间，连续工作40小时无需任何的动力。"

威斯敏斯特大教堂是英国王室的陵墓所在地，这里同时也是每朝国王举行婚礼和登基典礼的地方。

对于约翰·哈里斯近似疯狂的热情，我们应当给予理解，毕竟大家都很清楚，如今任何的精美礼品制作的开始都极其耗费工时，这和玩具没有什么两样。当每一个富有的人戴上手表已经是伊丽莎白时期，而计时器出现则是18世纪的事情了，那其实就是大手表。这种计时器的精确度是不受温度变化影响的，它维持平衡（也称作是补偿）的方法是金属在温度高低差异时的不同反应。

长途航海时代开始的标志就是美洲新大陆在15世纪时被哥伦布发现。简陋的航海速度计作用几乎消失了，唯一可用的东西就是日志，可以准确测量经度的仪器是水手们迫切需要的。为了制造这种仪器，西班牙的菲利普二世拿出了10万克朗作为奖赏，可是去应征的荷兰人说制造这种仪器仅需3万克朗。但是，在经过了很长的时间后，他并没有制作成功。在格林尼治天文台被查尔斯二世建好后，皇家天文学家们便被要求开始对这种仪器进行制造，可是依旧没有成功，即便是得到了大发明家艾萨克·牛顿爵士的帮助依然如此。

首个计时器是被约翰·哈里斯制作出来的，哈里斯因此获得了极高的荣誉。1693年，哈里斯出生于约克郡的福欧贝，他最初只是个木匠。1714年，一份申请书被几个海军上校提交到议会，主要内容是经度表在看不到陆地时同样可以被精准地定位，这个提议的内容开始在多数伦敦商人中传播，哈里斯在当时还很年轻。在申请被送至一个委员会尚未被批准的时候，可以通过手表来确保时间准确性的方法被艾萨克·牛顿爵士提了出来，不过，时间计算的精准度会受到温度、干湿、不同经度不同引力的影响。人们还没有制造出不受外界因素影响的表。结果，一个法案被英国政府公布于众，内容是：假如有人发明的方法准确度可达1度或者96千米，就把10000英镑奖励给他；准确度达到64千米，就

约翰·哈里斯(1693-1776)，英国著名的钟表匠，航海计时器的发明者。2002年英国广播公司评选历史上100个最伟大的英国人的民意调查中，哈里斯位列第三十九位。

约翰·哈里斯发明的海洋计时表。

把 15000 英镑奖励给他；准确度达到 48 千米的，把 20000 英镑奖励给他。在那个时候，20000 英镑是个巨大的数字，这奖励的确很丰厚。就连很多大科学家都被这奖励吸引了，可是没有人取得成功，最后居然是一个没有读过什么书，还是一个穷木匠的儿子得到了这个奖励，这是人们没有想到的。

终于诞生了一个伟大的发明！对齿轮的运动，哈里斯很小的时候就特别喜欢，他时常这样想，齿轮转动的原因是什么呢？它的转动又是什么样子的呢？在 6 岁那年，可怜的哈里斯感染了天花病毒，在当时英国这种病毒很猖獗。唯一可以给卧床不起的他带来快乐，并且平复心中不安的就是他手里一直紧紧握着的小手表。等长大后，和父亲一样，他也成为一名木匠。可是，对齿轮的热爱依然如故，他开始了钟表制作的尝试。哈里斯在 22 岁的时候，用木头为原料制作了一个巨型钟表，它至今被存放在南肯斯顿博物馆里。之后，钟表制作就成了哈里斯唯一的工作，他特别用功。他以非常快的速度达到普通钟表制作者的水平，这要感谢一位善良的牧师，是这位牧师把一本有关钟表的图书送给了哈里斯。哈里斯制作钟表水平不久就遥遥领先了，这都是他刻苦用功的结果。

补偿式的钟摆是哈里斯在 1726 年发明的。钟表仅靠单一金属来构成其精度是靠不住的，这是哈里斯的想法，由于热胀冷缩是所有金属都无法回避的问题，它们都会在温度低时缩短，温度高时变长。另外，不同金属的热胀冷缩程度是不同的这一特点也被他注意到了。于是，他用黄铜和铁制作出一个如同烤架一样的钟摆。如此一来，钟罢金属构件间的热胀冷缩就会相互抵消。有一个被他保存的台钟，10 年间的误差仅为 1 分钟。

哈里斯此时开始注意那份高额的赏金。时间已经过去很久了，但是依然没有人能领取。哈里斯在 1728 年带着自己的制作图纸来到了伦敦，并把它展示给了皇家天文学家哈雷博士。哈里斯被哈雷带到了格雷厄姆那里，他是伦敦最伟大的钟表造者。在看完哈里斯的图纸后,格雷厄姆特别激动,认为这是个伟大的创举。最后,他建议哈里斯最好先把样品制作出来,再把图纸提交给经度委员会。

艰辛的实验在哈里斯回到家后就开始了。诸如,如何一边维持生计一边实验,以及所有工具都要自己制作,对于之前缺乏了解的黄铜和别的金属的使用等,他还要深入地研究。另外他必须自己亲自去赚取实验经费,因为没有人为他提供资金支持,这些都是哈里斯要面临的问题,随之而来的还有诸多的实际困难。就如,在普通手表的制作过程里,我们要花费很多的时间来缠绕线圈,哈里斯为了不耽搁工作,添加了一根弹簧。这个具有特殊构造的计时器整整耗费了哈里斯7年的时间。这个计时器良好的工作性能在一艘远洋轮船上得到了验证。

哈里斯发明的补偿式钟摆原型

天文观测用到的计时工具和测量时间的工具就是钟摆,它的计时原理是通过摆的稳定器械振动频率来完成的。

哈里斯于1735年再次来到了伦敦,他向皇家学会提交了自己制作的计时器。这个计时器引起了专家们很大的兴趣,他们马上组织了实验。经过实验,哈里斯的发明得到了完全肯定,并且给他颁发了荣誉证书。计时器又被哈里斯送至海军军部,它先后被试用在"色图瑞"和"奥福德"军舰上面。当军官和船长在返回的路上登上一块陆地后,他们都认为这就是出发的地方,可是最终确定那是利泽德,这都是哈里斯计时器的功劳。哈里斯的计时器最后被证明是准确无误的,而航海者估算的误差将近

145千米。船长把计时器的巨大功用写信告诉了哈里斯，收到信后的哈里斯马上赶往经度委员会，那20000英镑的奖金是他迫切需要的。为了制造一个更加轻便的计时器，经过委员会的投票，哈里斯又得到了500英镑的经费。

新的计时器于1739年被哈里斯制作成功了，但是不够精美，他制作的第三个更加小巧。期间，很多的困难都被他一一克服了，其中弹簧的回火问题最为突出。相对令人满意的计时器被哈里斯制作完成已经是1749年了。有两次500英镑的奖励，都奖励给了哈里斯。

当再次看到这个小巧的计时器时，皇家学会特别高兴，同14年前一样，他把他们权限内的最高奖赏——金质奖章颁发给了哈里斯。哈里斯被作报告的会长称赞为最诚实的人，在作有关计时器的评价时会长说："它的精准度是令人惊讶的，甚至可以说是震惊，一定有难以想象的困难被发明者克服了。"

这会儿，你一定会想，哈里斯可以把20 000英镑的奖金完全拿回家了，但是哈里斯还是一分钱也没拿到。1761年，在多塞特郡和牙买加的航海试验里，第三个计时器被测得的误差仅为5度。这个计时器后来被哈里斯的儿子带回了德普特福特，依旧正常地运行着，任务完成得很出色，德普特福特的日志中3度以上的偏差完全被纠正了过来。

但是，20 000英镑的奖金，哈里斯依然没有拿到手。哈里斯在这35年中克服的种种困难是别人难以想象的，对祖国做出的贡献也是不可估量的，国家再次得到了丰厚的利益，可是对于他的奖金，委员会还是没有答应给。哈里斯

只有特别有耐心和技艺精湛、工作细心的工匠，才可能进行修理钟表的复杂工作。

因此将申请提交了国会，5000英镑奖励给发明者的法案被国会通过了。但是，委员会居然厚着脸皮和哈里斯讲条件，最终是经过了两年才把这笔钱给了哈里斯。1764年哈里斯，对另外的1000英镑提出申请，委员会于次年决定，对于1714年法案规定的奖金，发明者有权领取，可是仍然是没有一次付清。

如此抠门的也只有英国一家而已，别的国家，像撒丁岛的国王就把哈里斯的四套计时器全部买去了，共计价值4000英镑。哈里斯的视力在他73岁时下降得非常严重，但是为了自己未到手的奖金，他依然没有歇下来。他把一封言辞犀利的信寄给了委员会，像这样的信件委员会还是第一次收到，他们非常震惊。经过哈里斯和委员会间的数次协商，哈里斯拿回了一半的奖金，等他的新计时器通过测试后，再拿回另一半。

完成此次测试的是身份和库克船长相当的人，他曾经远航环绕过全球。1773年，哈里斯总算拿到了其余全部奖金，这和第一次测试成功时间已经相隔了45年。哈里斯83岁时去世，那是在1776年，在汉普西斯教区的墓地里，我们有可能现在仍然可见他的墓碑。

约翰·阿诺德是继哈里斯之后的又一位伟大的制造钟表和手表的大师。阿诺德发现哈里斯发明的计时器成本偏高，结构复杂，因此他要发明一种新的计时器，结构要简单，形状要小巧。柱形弹簧和平衡补偿就是他于1776年发明的，在新的计时器上，这两个发明都得到了使用。英国政府一次奖励了阿诺德3000英镑的奖金，和哈里斯比较，他要幸运多了。

首个把钻石应用到钟表和手表上的人就是阿诺德。就硬度来说，和最好的钢相比，宝石，如红宝石，它要耐用得多，效果会更好。换句话说，由钻石制作的表更加耐磨。1771年制造的格林尼治天文台的天文钟上，就有由阿诺德使用的一种被称作是"棘爪"的红宝石。

那个时候世界上最小的打簧表就是阿诺德制造的，他的技艺相当出色。这块表的重量仅仅等同于一枚6便士的银币，1.5厘米的直径，可是它准确度很高，

11764年,阿诺德特地为英王乔治三世制造的打簧表。

在整点、半点,以及整刻钟时就有悦耳的打击声发出来。这块表是为乔治三世国王制造的,就在国王生日那天,他把表献给了国王,那是1764年6月4日。看到这样的生日礼物,乔治三世特别高兴,立马把500几尼(注释:英国的老式金币)奖励给了阿诺德。这块表被俄国沙皇看到了,他想要阿诺德制作一个同样的表,并且愿意出1000几尼。可是阿诺德没有答应,谎称自己的眼睛看不清了。

人类一直都在努力提高着时间计量的精确度。查尔斯·弗雷德沙姆在1830年只做了两台钟表送给了格林尼治天文台。这两个钟表的准确度最后震惊了英国钟表界。历经12个月的细心观测,在授予弗雷德沙姆的证书上,天文台是这样写的:两台时钟的日最大误差分别为5700分之一秒和8600分之一秒。

第6章
发明蒸汽机

瓦特的前辈们——瓦特最具有代表的发明,后面的发明再次被其引导——首辆列车机车——蒸汽船——铁路的出现

在沃克斯展览的蒸汽机是在1663年至1670年由伍斯特侯爵发明的,据说它可以把水提升到12米的高度,可是就我了解到的情况看,类似把水从井里抽上来,这样的作用,这台机械从来没有发挥过。又有一台蒸汽模型机于1688年被法国人丹尼斯·巴本制作出来,模型机中的活塞可以被强大的蒸汽动力推动。这台蒸汽机被巴本拿到船上做实验,可是船夫担心这机器会

一开始,蒸汽泵仅仅被人们用来抽水,对于其他的用途从来没有人去想。

使得自己失业，所以把它砸坏了。

首先在工作中用到蒸汽泵的是英国德文郡的铁匠。1663 年在达特茅斯港出生的托马斯·纽科门，于 1705 年取得了蒸汽泵的专利，这个专利是三个人共同取得的，另外两个人是康沃尔郡的锡矿经理萨维瑞和玻璃工人卡文利。数年后，这种泵就成为了康沃尔郡人把水从水井抽上来的工具。这种泵的工作效率非常差，因为它里面根本没有活塞，每次要有 4/5 的蒸汽被浪费掉，可是它所发挥的作用也是不可替代的，人们一直使用这种泵抽水，大概使用了 70 年的时间。

起先，是有两个活栓安装在这个机械上的，一个是用于放入冷水对蒸汽进行冷却，另一个是用于放入蒸汽。在机器工作的过程里，两个活栓的开关都要靠人完成，这样简单的工作多是由一个小男孩来做的。也正是因为这样的原因，就有一个小男孩最先想到了去改进纽科门的蒸汽机。

有一天，开关活栓的工作轮到一个名叫亨佛莱·波特的少年。少年在机器旁边站好，在两个活塞之间来回地扳动。就在他对这份工感到十分乏味时，楼下空地上玩耍的小伙伴们吸引了他的目光。他心里非常清楚，假如马上下去和小伙伴们一起玩耍，扔下工作不管了，挨打是逃不了的。面对着这个可恶的活栓，他的双眼都要冒火了。忽然，一种奇怪的现象映入了他的眼帘，这是他从前在看过成百上千次的重复运动时从来没有注意到的。其中的一个活栓在机柱下降到最低位置时就要打开，再次关闭就要等机柱上升到最高的位置；另一个活栓的运动情况刚好和第一个相反。一个绝妙的好主意马上闪现在聪明的波特头脑中，这件事情完全可以由机柱自己来完成！他马上开始试验，一根细绳子被他拿了出来，分别绑在了机柱和活栓的把手上。这个问题被他在极短的时间里解决掉了，看着机器自己工作，他心里兴奋极了，马上冲下楼去和小伙伴们玩耍，这当然是接下来的事了。

当自己运转的机器被经理发现时，他看到溜出去玩耍的波特，大声嚷嚷起来，我们无从查证他当时到底说了些什么。可是这已经不重要了，对于这个男孩的发明他肯定是看懂了。柱子上的绳子被他换成了铁杆。随后所有的蒸汽机马上启用了波特的发明。

蒸汽机的再一次改进是由被著名的科学家詹姆士·瓦特于1763年完成的。有关瓦特使用蒸汽力量想法使用的故事有很多,就在他还是个孩子时就非常喜爱机械,他出生在1736年的克莱德的格林诺克。有这样的一个故事曾被马库斯石在一半有着美丽插图的书中写道:瓦特还是个孩子的时候,有一次和父母坐在一起,随意地玩耍着由水壶中喷出的水柱。他这样专一的神情被父亲狠狠地批评了一顿。且不说这个故事的有无和真假,对发明家来说,这都是一个很好的素材。重物被水壶喷发的蒸汽柱

詹姆士·瓦特,英国工业革命的重要人物,著名的发明家,法国科学院外籍院士,英国皇家学会会员。

抬起来的现象吸引了瓦特,他很好奇这种现象的背后是什么?似乎有一种物质产生于水被加热时,它温度比水高,体积比水大,且有弹性。对于瓦特做实验的样子,大家可以想象一下,在壶盖上放上一个重物,然后细心观察。他可能想要对此采取某种措施,结果手被烫伤了。水蒸气成了这个男孩时刻相随的伴侣,最终,他下定决心要对水蒸气的力量进行引导和利用。

长大后的瓦特成为了一名制造者,就职于格拉斯哥大学。一天,他接受某人的邀请去对一台纽科门蒸汽泵进行修理。这台蒸汽泵每次运行完毕都又注入冷水进行冷却,之后再次被注入新

瓦特发明的旋转式蒸汽机。

的蒸汽,这样气缸在被重新温暖的过程里会有很大的消耗,这和我们之前说过的没有多大改进。为了寻找一种方法避免浪费,瓦特整整用了两年的时间。

当你对某个问题花费了很长时间对答案进行寻找时,经常是偶然间在脑子里闪现的一个想法就把问题解决了。这样的事情马上就发生在瓦特身上了。1765年的一天,是个晴朗的星期天,如同他自己说的那样,"一个很好的解决方案马上在头脑里形成了。"忽然间一个想法跳入了正在散步的瓦特脑子里。他的解决方法是:把一个容器连接在工作缸上面,这个容器就会把被压缩的空气消耗掉,从而使持续的高温一直包围着工作缸。他在第二天一大早就开始了对模型的制作,做完之后,他非常高兴,虽说模型特别简单,可是正常工作是没有问题的。瓦特在罗巴克博士提供的资金支持下开始对样机进行制作,并把专利申请了下来。可是他同样脱离不了多数发明家共同的命运,接踵而来的是数不清的麻烦。对机械进行制作的工人毫无章法,不够细心,结果没有一个机械是特别理想的,罗巴克博士因此赔了本钱。瓦特在那个时候身无分文,还欠下一堆债务。

可是,瓦特很快迎来自己的春天了。在看完瓦特的模型后,对于这项新发明的巨大潜力,伯明翰的马修·布尔敦看在眼里,一大笔资金被他筹集出来,帮助瓦特对首台双动力蒸汽机进行制作。一个使活栓转动的调速轮和一个控制速度的管理员,都是这个蒸汽机不可缺少的。为此,瓦特和布尔敦的公司赚到了很多钱,非常成功,你一定很高兴听到这些。

针对当时出现的蒸汽机原始雏形,瓦特做出了一系列修改,发明了单缸双动式和单缸单动式蒸汽机,把蒸汽机的热效率和稳定性提高了许多,极大地推动了当时社会生产力的发展。

固定蒸汽机的出现一定会推动移动式蒸汽机的发展,这是迟早的问题,新发明总是在另一个发明基础上产生的,这句话说得一点没错。蒸汽机迟早会应用于马车和轮船,这是很多人共同的想法。其中威廉·默多克、罗伯特·富尔顿、乔治·斯蒂芬森三个人为蒸汽机的推广使用做出了巨大的贡献。

埃尔州的威廉·默多克出生在一个技工的家庭，在移居到伯明翰后，他进入了瓦特和布尔敦的工厂打工。老板

蒸汽机是一种往复式动力机器，通过它可以把蒸汽的能量转化为机械能，18世纪的工业革命就是由它引发的。

们对于他出色的工作能力非常赞许。之后，他被派往康沃尔郡的雷德鲁斯担任新式卷扬机的主管，给出的薪资是当时较高的，年薪1000英镑。世界上最早的机车就是默多克制作出来的，不过这个小型机车只是他利用休息时间制作的娱乐品。这台机车于1784年被他制作完成后，在城镇外大约一英里长的平坦路面上做了一次试验。他的实验是在晚上凭借着锅炉的灯光进行的。默多克没想到蒸汽产生的动力会使机车的速度如此快，奔跑中的默多克居然没有追上它。时间不长，牧师的大喊声就传入了他的耳朵，他看到了在树篱边露出的牧师的脑袋，并且还在浑身打颤，他也听到了牧师的嘟囔声："恶魔，这就是个恶魔！"默多克飞驰而来的机车，在牧师看来就是恶魔之父。

机车又被默多克开到了山上，它的行驶丝毫不受限制，和平地上一样。蒸汽车从此以后获得了巨大的发展，18世纪末工业革命的巨大成就要属蒸汽机车了。相传是因为英国议会目光短浅的法律约束，才使得机车的实用性向后推迟了五六十年。当机车模型被默多克展示在伦敦机械工程学会的面前时，已经是1850年了，他那时都已经66岁了。

说出来令人不敢相信，在康沃尔郡的特拉威斯克的罗伯特·富尔顿也制造出了一个类似的机车。1801年，这个笨拙的家伙还被富尔顿开到了贝肯山。威

斯敏斯特大教堂至今还有一个窗口是纪念他的，特拉维斯特之所以名声远扬，就是因为他的发明。

现代汽船是被罗伯特·富尔顿发明的。为了驱动轮船，人们曾经设想过使用人力或者马力，可都以失败而告终。用蒸汽机来推动轮船运行最先是由大卫·拉姆齐、格瑞特博士、伍斯特侯爵提出来的。曾经有一艘蒸汽船被法国人帕潘制造出来。英国格洛斯特郡的J·哈尔斯于1736年制作了一艘大船，在英国中部的一条河流上，他试图用新机器来驱动大船试航行，但最终失败了。首艘蒸汽船是由罗伯特·富尔顿制造的。以"银色短发"而闻名的富尔顿是个地地道道的宾夕法尼亚州兰开斯特人，他拥有画家、建筑师等很多身份，然而发明家是最为重要的。

1786年富尔顿来到了英格兰，一种扭麻绳的新纺纱机和挖运河用的铲土机在英格兰已经广泛使用。制造蒸汽船的想法是通过朋友斯坦普伯爵想到的。回到伯明翰的富尔顿对瓦特的双动蒸汽机进行了细致的研究，最后购买了个大型蒸汽机运回了美国。文斯顿是他在美国遇到的合作伙伴，一艘吃水量在150吨的大型轮船"克莱蒙脱"号就是他出资建造的。富尔顿买来的英国制造的蒸汽机就安装在这艘轮船上，被用作驱动螺旋桨。富尔顿具有历史意义的奥尔马（纽约州的首府）之行就是在1807年8月17日开始的，他当时是在纽约登上"克莱蒙脱"号的。世界上首艘用蒸汽动力驱动并且可以抵御风浪的轮船，使人们特别震惊。

富尔顿马上品尝到了成功的喜悦，这是和许多发明家不同的地方。在他51岁去世时，已经有17艘蒸汽动力船穿梭于哈德逊大河上。

制造潜艇是富尔顿的又一个巨大贡献。他在发明汽船之前就已经发明了潜艇，当时是在法国，首次实验是在布雷斯特港口，时间是

图为第一艘横渡大西洋的汽船萨凡纳号。

1801年7月,那次他们潜到了水下7.5米。第二次的实验潜到了450米,他和船员们呼吸的是压缩空气。还有一次实验,他们在水下停留的时间超过了1小时40分。

假如罗伯特·富尔顿的发明当时被伟大的拿破仑采用,那么就会改写整欧洲的现代史,滑铁卢大败就根本不会发生。可是对于这个聪明的美国人,拿破仑特别不喜欢,对于富尔顿的新发明,他也不允许法国科学院进行研究。新世界的耀眼繁星中缺少不了罗伯特·富尔顿这样的人,如同缺少不了本杰明·富兰克林大师一样。

早在"克莱蒙脱"号被富尔顿建成蒸汽船前的许多年,一个装有蒸汽机的小船就被一个名叫希明顿的人于1788年10月14日建造出来了,当时在苏格兰试航取得了部分成功。另外在福斯和克莱德运河上航行的牵引船"夏洛特·邓达斯"号,它因为遭到运河主人抱怨而被撤了出来。人们传说发明这艘船的人最后死于贫困。我们应当说明的是,富尔顿的某些灵感还是来自对这艘船的细心观察,英国看到富尔顿的"克莱蒙"号试航成功,就有很多人开始模仿建造。一艘这样的船被安德鲁·贝尔于1812年建造成功并航行在了克莱德河上。在蒙德和伦敦之间穿梭的"里士满包"号(Richmond Packet)是1815年泰晤士河的首艘蒸汽船。

富尔顿从1803年开始进行研究汽船,于1805年返回美国继续研究,其间美国政府给予了极大的支持。

海龟号木壳潜艇,是由美国人D·布什内尔建造的,它可以在水下停留30分钟,它是单人驾驶的,动力是手摇的。

"鹦鹉螺"号潜水艇模型

富尔顿1801年5月建造的鹦鹉螺号潜艇，它的长度是6089米，最大处直径3米，形似雪茄，指挥塔设在中央，推进装置水下是人力螺旋桨，水上是风帆，控制上升和下沉是通过压载水柜实现的，它是在法国拿破仑皇帝支持下建造的。

同年，伦敦港口停靠了一艘在克莱德河中逆风行驶来的"亚皆"号轮船。1120千米的航程，虽说是逆风行驶，它仅用了5天多一点的时间。

出乎人们的意料，相比较上面的这些靠平桨推动的蒸汽船，对螺旋桨进行使用的想法要早很多。"我们是否可以考虑把两个轮子的推动器换成是螺旋形状的桨呢？"这是詹姆士·瓦特在1770年给朋友思茅博士的信中提到过的。有关螺旋桨的专利，在18世纪以前，不止一个人申请过，可是他们都没有取得实质性的成果。他们分别是约瑟夫·布瑞克（曾以锁具著称于世）；还有一个是奥地利人约瑟夫·拉素尔；再有就是W·列提顿。接下来进行这方面实验的是海斯人佛朗西斯·史密斯。他起先不过是个牧民，在罗姆尼湿地放羊，之后被人称作是"螺旋史密斯"。对于这些人为什么会成为发明家以及如何成为发明家的这些谜团，在我们研究发明以及发明家这个主题时一直困扰着我们。首个模型是史密斯于1834年制作的，当时他才26岁，驱动这艘小船上螺旋桨的是一根弹簧。

1836年，驱动船只的水下螺旋桨专利被史密斯申请成功。为了对自己的发明进行测试，他在1836年秋建造了一艘10吨的小型蒸汽船，引擎是4.5千瓦的，具有两个完整叶片的螺旋桨是用木头制作的。除了速度太慢，小船的其他状况良好。当小船在水中前进时，螺旋桨被一些漂浮的木头挂裂了，可是它居然比之前的速度快了很多，这让人感到奇怪。但这启发了史密斯，小船的螺旋桨在被换成是单叶片的时候运行更快了。至今，所有轮船安装的螺旋桨都是单叶片的。

"福瑞斯·B·奥格登"号不久后由瑞典发明家埃里克逊建造成功，它安装的就是一对螺旋桨,它的试航获得了英国海军部的批准。这艘轮船很适合在海上航行,速度达到了16千米/小时。可是这种螺旋桨在之后的很多年并没有被应用到英国军舰上,因为螺旋桨的优势并没有取得英国海军军务大臣的信任。但是辗转到美国的埃里克逊得到了应有的重视。拥有真正铠甲的"监视者"号军舰就是由他制作的。另外,鱼雷艇也是由埃里克逊发明的。他去世时享年80岁。

对于螺旋桨的实验,史密斯并没有放弃,1839年,他把一个237吨重的专利螺旋浆安装到了一艘木船"阿基米德"号上。试航时,人们惊奇地发现,这个被制造者预言航速不会超过5节①的木船,居然一直都以9.5节以上的航速航行。1840年,布鲁内尔(他将会在第八章中被我们讲到)这个伟大的工程师、发明家之子对在英国的主要港口航行的"阿基米德"号进行细致的观察,随后,他把螺旋桨安装在了"大不列颠"号上。长84米的"大不列颠"号是在1843年建造的,它安装的蒸汽机是当时世界上最大的。

888吨重的英国的"响尾蛇"号军舰是首艘安装上螺旋桨的军舰,在和动力相同但是安装了平浆的"阿列克托"号军舰比赛时,"响尾蛇"号遥遥领先在前面,毫不费力。

美国在1862年内战期间,南北两军的"梅里麦克"号和"莫尼特"号在汉普顿大战4小时,双方的铠甲都没有被对方的大炮击穿,但是北军军舰上的士兵受到了的开花弹爆炸巨大的威胁。而另一方面,因为安装了旋转的炮塔,北军的大炮可以在船体所有角度进行炮击。

航海界终于在史密斯的不懈努力下接受了他的发明,可是等到自己的专利到期,也就是1856年,他已经把所有积蓄都花光了,没赚到一分钱。可是,请大家放

---

① 1节=1海里/时,1海里大约1.852千米。

约翰·菲奇1788年发明了最早的蒸汽船。

心,史密斯并没有沦落到被饿死的地步,这是他和其他发明家不同的地方。为了奖励他,英国的工程师们自发捐款2000英镑,为了给他养老,女王从王室的经费中每年拨出了200英镑的专款。史密斯还担任过南肯士顿专利馆馆长的职务,1871年他还被授予了爵士爵位,他于三年后去世。

有关从瓦特的蒸汽机而改进出的发明,除了首辆列车机车和首艘蒸汽船之外,还有另外一个。在距离纽卡斯尔不远处一个被称作是怀勒姆的小村庄里,乔治·斯蒂芬森于1781年6月9日出生了。这个意志坚定的小伙子刚够年龄就进入煤矿当了一名采矿工人,他主要从事把每块煤从石头和矿渣中捡出来的工作,每天只有几个便士工资。他很快就谋到了和自己父亲同样的工作——消防员,因为他通过工作之余学到了很多的知识,接下来又从消防员转换为技工。时间不长,他的工作被换到了威灵顿码头,在那里负责一个固定的机器,这个机器就是拉煤车上山的。一种利用满载货物车子的重量把一个空车拉上山的办法被斯蒂芬森在这里想了出来。

那个时候,原始的用于运煤的蒸汽机车在西摩尔煤矿已经开始使用了。这种蒸汽机车是布莱凯特先生仿照康沃尔发明的特拉威斯克机车的模型制造出来的。它们和一台被称作是"布伦金索普"的原始利兹机车成了斯蒂芬森的研究对象,"布伦金索普"可在拉动一串煤车时速度不低于5千米/小时。"我一定要发明出更好的机车。"斯蒂芬森暗下决心。他在1813年把自己制作新式滑动机车的想法告诉了煤矿主。这个想法得到了煤矿大股东雷文斯沃思的响应。就这样,首台机车"布鲁特尔"由斯蒂芬森在西摩尔煤矿的工厂建造成功了。这个小机车可以一次把8节货车拉上小山坡,速度可以达到6.4千米/小时,它有两个立式气缸,发动机传给车轮的动力是通过正齿轮实现的。以前,齿轮车轮是所有列车使用的车轮形式,可是"布鲁特尔"使用平滑轮的形式,这是一种创新,更加接近于现代机车。

铁路机车的发明人,英国的工程师,乔治·斯蒂芬森(1789~1848年)。

最终,这个摇晃得十分严重的机车散架了,这是因为斯蒂芬森没有把弹簧使用到机车上的缘故。还有就是马儿被蒸汽泄露引起的嗞嗞声吓惊了。对于这些不足之处,斯蒂芬森马上进行了改进。把废气利用烟囱引走是他的第一个改动,这样居然可以提高燃烧效率,增大拉力。和第一辆相比,第二辆要好很多,可是这些并没有引起人们的兴趣。对于新机车的制作,斯蒂芬森和儿子从来没有放弃过,只是它们的使用都没有脱离煤矿。一条长13千米的铁路在1822年被赫顿煤矿的矿主建设成功了,可是这条线路上行驶的5辆斯蒂芬森制造的机车除了运煤,运别的东西是不可以的。

当时,有个叫爱德华·匹兹的先生,他是达林顿人,正计划修建一条铁路连接起达林顿和托克顿。对于斯蒂芬森的机车和他本人,匹兹非常感兴趣,他曾经见过这种机车,所以他找到斯蒂芬森,邀请他来建造这条铁路。可是,这

英国早期铁路火车纪念邮票

个计划遭到了全部邮政马车车主的反对和阻挠,这些都没能够阻止斯蒂芬森。铁路是在1825年9月27日建成并通车。"信号灯亮了起来,巨大的车厢被机车带动着缓缓运动起来,当时大概有450名乘客,再有车厢本身和上面的货物以及煤,共计大约90吨,可是在某些路段,它的速度达到了19千米/小时。"这就是报纸上第一篇相关报道。

货物运输是这条铁路的最初目的,之后又有一辆体验客车被斯蒂芬森建造成功了,这辆客车在数周的行驶过程中,上面的乘客总是满满的。这应当说是一条真正的铁路,首辆真正的机车就是由斯蒂芬森制造的。之后又铺设了连接曼彻斯特和利物浦的铁路,被称作是"历史上的最佳机车"的由斯蒂芬森制作的"火箭"号就运行在这条铁路上。这条铁路上的首次通车是在1830年9月15日,当时驾车的就是斯蒂芬森,他把机车成功开到了终点。当然,我和大家说的这些是和工程有关的故事,和发明就有些偏离了。

第7章 安全灯和煤气灯

把煤气带到伦敦——威廉姆·默多克的煤气灯用于自己家的照明——安全灯的发明者汉弗莱·戴维爵士

最早发明蒸汽机的就有威廉姆·默多克,这一点我们以前是提过的,在煤气灯的发明方面,他同样有很大的功劳。身为实干家和发明家的默多克,他的身体非常强壮,这一点令人欣慰。在瓦特和布尔敦的公司工作时,他首次被派到康沃斯,没几天,他就差点被对蒸汽机有情绪的工人打了,可是身材强壮的他不但没有吃亏,反而把几个工人教训了一下。默多克的威信从此树立了起来,再没人敢欺负他了。人们都非常奇怪,默多克都是利用什么时间搞发明的?因为整天都在辛劳工作的默多克甚至连晚上的时间都搭进了公

煤气灯的发明者威廉姆·默多克

司，每当有设备坏了，首先到达那里的一定是他。

有种油漆在1791年被默多克发明了，能对船底的杂草和贝壳的阻塞进行防御，就是这种油漆的主要作用。就在这一时期，他获得的专利还有气力升降机，这种升降机的动力来自压缩空气。他家的钟也是通过压缩空气来敲打的，类似的装置大作家沃尔特·史考特先生家的钟也有，这也是默多克帮助他安装的。有很多的小发明被他应用在自己的家里，而利用煤气的想法就来自这些小的设计。

煤气灯

有种天然的气体会从煤矿里喷射出来，对于这件事情早在默多克出生前的几年里人们就已经了解到了。1733年在煤矿附近的深坑里，一位作家还做了一个实验，最终证实这种气体可以燃烧，并且产生的火焰特别强烈。这种喷发出的天然气体被他装进了一个动物的膀胱里随后把口扎紧了，经过几天的放置，经由小孔喷出来的这种气体被引向一根点燃的蜡烛，它居然发生了燃烧。这种气体被约翰·克莱顿称之为"煤炭之魂"，它是由克莱顿在一个盛放煤的小瓶子里发现的，这距离那位作家试验的时间已经6年了。这种类似的实验人们在1767年和1784年也做过，可是大多没有什么实际意义，仅仅局限于一种科学活动，考虑到煤气用途的是默多克。

闭门研究往往是当时发明家的通常作法，而待在寂静的角落苦苦地钻研，真的是许多发明家共同的特点。一日，在卡伯恩的车间里，默多克和自己的朋友波阿斯博士正在苦苦地思索着。外面有几个充满好奇心的孩子正在闲逛，默多克忽然从车间里推门走了出来。一个叫做威廉姆·比尔的小男孩被默多克拍着脑袋告知"赶紧帮忙买个顶针来"。往商店去的比尔跑得快极了，可是当他回来时却假装将顶针丢到了路上。趁着找东西的空当，他溜进了车间里，一种奇怪的现象马上映入了他的眼帘。一个盛满煤的重壶正被放在火上烤，有根管子正连接在壶口上,默多克在比尔递过来的顶针上打了个孔,之后和管子连接好,最后,把火苗引到了顶针前面,里面马上喷出一股长长的火苗。

这种盛装煤气的瓶子在1792年被默多克安装在了自己家里,为了给所有房间照明,煤气被他用管子引导到各个房间。为了晚上走路时不至于太黑,一个带有容器的灯被他制作成功了。

用煤气做实验的还有很多人,可是成功的仅仅是默多克一个。1801年,当有人提议把巴黎的街道用煤气灯照明时,没有人会制作这种煤气灯成了唯一一个反对的理由。然而,1802年瓦特的工厂和布尔顿已经被默多克用煤气灯照亮了。当时为狭窄的街道照明的只是些昏暗的油灯和冒着黑烟的火把,所以,这些路灯吸引了好多来自伦敦的人们。

生产煤气管道和干馏炉的新工厂被瓦特和布尔敦建造成功了,分布在北部的纺织厂也大量地安装这种新灯。可是,对于这项新的发明好多人持有不同的意见,其中不免有些大人物。例如,默多克就曾被安全灯的发明者弗莱·戴维质问,是不是要把圣·保罗的天空变成煤气厂。照亮伦敦的应当是一片月光,这是另一位著名教授的说法。可是,这些都没能使默多克的工作停下来,有一篇论文被他在1808年在皇家学会上宣读,以下就是他谦虚的说辞:"下面的工作应当是我已经完成的,第一就是对这种气体的利用,第二就是以商业手段推广开来。"之后皇家学会因为默多克出色的工作,把一枚金质奖章颁发给了他。

国会在众多反对声中依然在1809年把营业执照颁发给了伦敦焦炭、灯具和煤气公司。对于人们一直认为整个管道里的煤气都是燃烧着的,现在回想起来就叫人感到可笑。为了防止墙壁被煤气管道引燃,在为众议院安装照明管道时,建筑师们一定要使管道和墙壁保持一定的距离。"原来这管道一点也不热呀!"这是在管道安装完毕后,众议院的议员们用戴着手套的手和管道接触后发出的感叹。

煤气公司有个工作突出的人,他就是默多克的学生克雷格。煤气照明,在1841年被应用到了威斯敏斯特大桥上,灯夫们后面总是跟着很多看热闹的人。原来的油灯工人忍无可忍,于是罢工,结果这些灯都要克雷格自己去点燃。

对于原本应当属于自己的财富，默多克从来不曾享有过，因为他对于自己的发明专利权从来没有使用过。但是，在瓦特和布尔敦的公司，他的收入一直不错，在生意上，他和瓦特也是很好的伙伴。对于新东西的发明，他从来没有停止过。鱼胶的替代产品忽然有一天被默多克在其他东西中发现了，他立刻去了伦敦向不同的啤酒商们介绍他的发现。他把在伦敦很好的一座房子当成了自己的车间。某天早晨，女房东走入卧室，居然看到一层正在等待晾干的湿鱼皮替代了原本漂亮的墙纸，你一定可以想象得到，她会是多么的吃惊，正在打算把一张大的鱼皮挂上去的默多克被女房东赶了出来，他太沮丧了。1815年，正在浴室安装添加热水的装置的默多克忽然被一块铸铁打断了腿，一瘸一拐的他最终还是恢复了健康。1839年他去世时已经85岁了。

对于默多克的煤气灯，汉弗莱·戴维先生曾经嘲笑过，我们前边说起过，毕竟都是常人，犯点小错是在所难免的嘛！尽管如此，对于他曾经做出的巨大贡献，我们是不可以忘记的。汉弗莱·戴维1778年出生在康沃尔的彭赞斯，是个长相出众的男孩。在特鲁罗学习时，他迷恋上了化学。当时，对化学知识了解的人并不是很多，与此有关的书籍就更少了。年少的戴维和一个对自然科学有着浓厚兴趣的马具经营者成了好朋友。他有机会接触到化学实验是在17岁时，跟随一个外科医生兼药剂师在彭赞斯做学徒。空闲时的他还喜欢写诗、钓鱼和研读各种书籍。

在19岁那年，戴维和克利夫顿的贝多斯博士相遇了。贝多斯曾经写过一本书，销量达到了4万册，那是一本描写穷苦人生活的书，只是在写法上运用了大众化健康的风格，书名叫做《艾萨克·詹金斯的故事》，还有很多他的著作，人们都很熟悉。另外，他还是牛津大学化学方面的审稿人。托马斯·韦丁伍德，这个以制造陶器

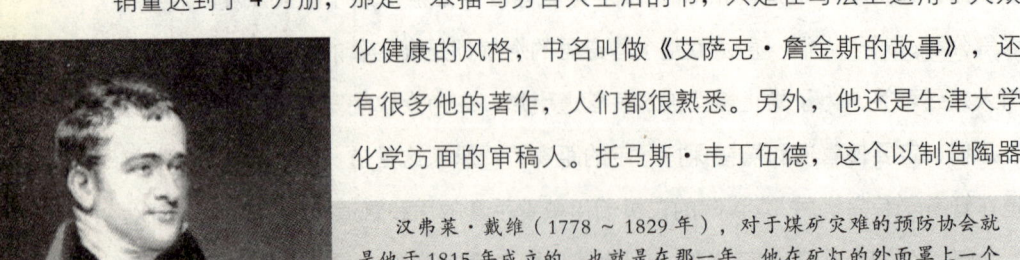

汉弗莱·戴维（1778～1829年），对于煤矿灾难的预防协会就是他于1815年成立的，也就是在那一年，他在矿灯的外面罩上一个金属丝罩，这样热能就会被它带走，矿井中的可燃性气体就无法达到燃点，爆炸也就不会再发生了，瓦斯爆炸的问题也就得到了解决，而做到这些，戴维仅用了3个月的时间。

而闻名的人和戴维也是很好的朋友。一个被称作是"气胎"的医院被戴维在克利夫顿开办成功,在那里治病的方法是把加过药的空气拿来给病人呼吸,柯尔雷、索西、达拉谟伯爵等都曾经在那里被治愈过。可是开始实验的时候,因有毒的气体被人吸入几乎导致病人丧命。氮的化合物,又被称作是笑气,就是他发现的。他的名声因为在1779年出版的《化学与哲学的研究》一书而大大增加了。他被伦敦皇家学会任命为讲师时才22岁。

年轻的戴维正是通过这家医院跻身到管理者的层面,和许多的名人,当然也包括诗人接触增多了。他的讲堂里总是被很多人挤得满满的,他帅气的长相、华丽的衣着、优雅的举止、甜甜的微笑,以及迷人的神采等当然是一方面的原因,可更重要的是,听众在他两个小时的讲座里可以一直保持恬静安逸的状态。他并没有自满于伦敦最受尊敬的年轻人这一殊荣。对于他伟大的发现,那些伦敦最好的实验设备并没有起到多大的作用。钠和钾就是他在电解水的时候发现的。当他看到这些液态的金属小球时高兴得跳了起来,兴奋地大喊。是一块2000芯的电池提供了戴维用的电,提供电池的是对戴维特别崇拜的人。有关这位满身才艺的化学家发现锶、钡、镁、钙等的发明故事完全可以写成一本书了。农民从他的发明中也得到了很大的实惠。他被授予爵士称号和结婚是在同一年,那是1812年。

上面的发明并没有让戴维感到满足,对于新的发明他仍在努力着。世界上首盏电灯的制造者就是戴维,他的最高成就就是在于此。汉弗莱·戴维接受法国科学界最高荣誉的授勋还是在英法发生战争的时候。

煤矿安全灯,这个足以使戴维名垂青史的发明诞生于1815年。有种沼气或者甲烷经常在煤层里泄露出来,它们会在煤矿里发生爆炸,不只是以前,就是现在同样如此。爆炸最容易发生的情况是空气和沼气的混合比例达到10∶1的程度,再有就是在有大量质量较好的煤尘悬浮在煤矿里。

戴维向人们展示安全灯,并讲解它的功能。

有关安全灯的制作,在戴维之前已经有人在尝试了。第一个是由森德兰的克兰尼博士制成的,可是不适于大范围推广。后来广泛应用的有以乔治命名的安全灯,这是由乔治·斯蒂芬森发明的。第一个在安全灯问题上运用到科学知识的是汉弗莱·戴维。火苗附近被质量较好的金属薄纱缠绕好,对混合气体的爆炸可以起到预防作用,这就是被戴维发现的。另外,金属丝的厚度必须控制在 0.4 和 0.6 毫米之间,以及金属薄纱的直径必须大于 1.3 毫米,同样是他得出的结论。在有危险的矿井里,点燃这种灯,它会通过火焰变大变白来预报瓦斯出现,这样可以提醒矿工要么逃离到安全的地方,要么把灯扔到水桶里。

戴维发明的安全灯并非是最安全的,它的气流很强,光线很弱,所以还不是特别的完美无暇,可是它在原来的基础上有了很大的进步,并且后来的安全灯一直都在使用这种原理。世界上最伟大的成就之一就是安全灯的发明,数不清的生命和财富因为它的出现才得以挽救和保护。

汉弗莱·戴维因为发明安全灯这一突出贡献,被授予了准男爵爵士,另外还有一套金质餐具和 1500 英镑的奖励。他在 1825 年因脑中风去国外疗养,1829 年在日内瓦逝世。当时,他的葬礼仪式是由瑞士人民举办的。他的石碑被立在了威斯敏斯特大教堂的前面,雕像被立在了他的家乡。"一个伟大的人,一个和蔼可亲的人。"这是人们给予戴维的评价。

最好的安全灯就是电灯,这是爱迪生在第一世界大战之前发明的。为了避免导线被矿工来回摆动发出火花,电池被放到了矿工的背后,而电灯被放到了帽子的前边,成了帽子的附加元件。为防止过度操作,装电池的盒子是被锁住的,灯被完全控制着。爱迪生因为这个发明被美国的安全博物馆授予了最高荣誉——拉特瑙(Rathenau)奖章。

爱迪生(1847~1931 年),美国人,世界著名的发明家和电学家,在人类文明的发展史中,他的贡献是巨大的,他一生的发明有 2000 多项,包括电话、电灯、留声机、电影、电报等。

第 8 章
滑轮与锁

防贼锁与约瑟夫·布拉默——液压油缸——滑动支架与亨利·莫德利——滑轮制造机与布鲁内尔

从瓦特、默多克、哈里森这些颇具代表性的例子,我们可以看出几乎全是社会最底层的人们做出的这些发明壮举。现代锁的发明者约瑟夫·布拉默,同样是一个小农场主的孩子,他生活在约克郡,他一生中有很多有意义的发明。

1748年出生的约瑟夫·布拉默是家里的老大,他有四个弟妹,在接受完一所小学的普通教育后,父亲就让他在农场工作。和其他发明者一样,在很小的时候,布拉默的能力就展现出来了。他利用在农村铁匠那里弄来的废旧金属材料和旧的锉刀制作成工具,把一块特别结实的木头雕刻成了一个小提琴。布拉默之所以能走出农田,完全是因

约瑟夫·布拉默(1748~1814年),英国人,发明家和工程建筑家。他从农业转为对木工的学习是因为16岁时的一场变故,他去伦敦是在1770年,被人们知道是因为其对水洗便器的改进,那是在1778年,防盗锁是他在1784年发明的。具有实际意义的水压机是他在1795年制造的,有关缸体和柱塞之间的泄露问题,他是在莫兹利的帮助下通过皮质杯状的密封垫解决的。

圆筒防盗锁

为一次偶然的事故。

布拉默的脚在 16 岁那年受了重伤，变成了瘸子，种田是不可能了，因此他被父亲送到了阿洛特那里学习木匠。时间不长，布拉默的木匠技艺就达到了一流水平。利用一些空暇时间，布拉默制作一些小提琴来为自己赚取零花钱，这是因为学徒工在那时是拿不到工钱的，他制作的每个小提琴的价格大概是 3 几尼（这是英国的老式货币，1 磅 1 先令相当于 1 几尼）。随着时间推移，布拉默攒到了很多的钱，这样他可以去伦敦了。他能够到达伦敦完全是因为自己坚强的意志，毕竟他是个瘸子。他先是在一个家具师那里打工。随后，在圣伊莱斯的丹麦大街创办了一家自己的小家具店。再后来，他获得了一项专利，是有关水洗便器的，这东西卖得很好。抽水机的工厂是后来建设的，管理工厂的是他老朋友，就是那个农村的铁匠。对于布拉默的水龙头，那个时候的许多人都想仿造，可是没有人成功过。制作一把最好的锁，这样的念头就是在那个时期产生的，之后好多年，布拉默一直都在这个念头的萦绕下生活着。

有关最早期的锁具与钥匙，布拉默在《尼尼微与它的宫殿》一书中有记载。"一扇个头巨大的单扇门封住了大厅一头的出口。有一个笨重的木锁把大门锁住了，至今东方仍在使用着这样的木锁。锁连同钥匙都是木制的，要想用手拿是不可能了，只有用肩扛着，因为它的个头实在太大了。有个木杆被钥匙控

木锁是世界上已知的最早的锁具，它被用于木质结构的建筑物上面，出现在仰韶文化时期，距今大概 5000 年的时间。中国的民间一直流传的完整木锁是经过木匠祖师爷改进过的，相传战国时期的鲁班就是木匠祖师爷。

制着，墙壁上的一个洞就是为它自右向左滑动时预备的。"这是布拉默在对美索不达米亚科尔沙巴德的宫殿里的一扇大门细致观察后写出来的。

能够把这种锁具的图画放在这里完全要感谢蒙利普斯公司，因为有一个这种锁具的模型被他们收藏着。另一幅图是他们公司自己制作的，它同样有一个滑动孔，原理还是利用早期锁具的。门的内侧固定着刻有花纹字体的垂直杆，横向的深凹槽是安装水平滑杆用的。门柱里面的凹槽是为杆预留的，一个松散可移动的顶针是锁死杆的。只有用一个巨大的木制控制杆或者说成是钥匙，才可以打开大门，钥匙的齿是和锁内部的水平杆对应的，锁眼中经过它插入顶针就会被顶开，水平杆就可以自由移动了。门外有一个足够大的孔是专门用来插钥匙的。

有关钥匙与锁的资料我们可以通过《旧约》一书找到很多，和我们插图上非常相似的钥匙在埃及的卡纳克神庙的墙上就有记载。《罗马经》里也有许多有关钥匙与锁的记载，好多巨型锁具被中世纪的工匠们制作出来，他们还把美丽的花纹雕刻在了上面。带有很多锁、铁箍以及牢固的金属夹子的中世纪箱柜，绝大多数的博物馆都有收藏。可是盗贼依然有办法将其打开，一直到18世纪末期，锁的这种情况才得以改善。

第一个发明现代类型锁的是巴伦，他的专利申请是在1778年。此后刚好第十年的时候，首个能够预防盗贼，并且不可以用其他钥匙打开的锁被布拉默制造成功了。制作这些精致的机械装置必然有这样一个漫长的过程，而制作它们用的工具就更不必提了。布拉默在他的上司亨利·莫德利那里得到了很大的帮助。他们于1784年取得了成功，同时申请了专利。

为了使大家可以更深刻地体会到他们的成功，我要为你们讲述这样一个故事。有这样的一个告示曾被张贴在布拉默的橱

布拉默发明的安全锁

窗里：假如有人可以把这个锁打开，就可以得到200法郎的奖励。可是在之后的67年里，居然没有人可以打开。来尝试的人不少，都是以失败而告终。这把锁第一次是被一个美国人打开的，但是他用了50个小时，那是在1851年的事情。试想哪个盗贼会用50个小时的时间来开锁？布拉默的锁由此被认定为最具有防盗性能的锁具。

凭借一个锁的发明，布拉默就被载入了史册，可是他还有一个比锁更重要的发明，每个工程师都知道，那就是水压机。大不列颠桥墩被罗伯特·斯蒂芬森提升到合适的高度完全是因为它的功劳。水是完全不可压缩的，水压机的工作原理就是众所周知的帕斯卡原理，即：加在密闭液体上的压强，能够大小不变地由液体向各个方向传递。布拉默在这项发明中同样受到了来自莫德利的帮助，机器活塞的制锁装置就是由莫德利设计的。布拉默在发明了水压机后又发明了一种新式水泵，那就是无人不知的啤酒唧筒。地窖中的啤酒或者其他液体在啤酒唧筒的作用下可以流到柜台的下面，之后用于销售，对这个专利申请，布拉默是在1797年做的。在一次灭火行动中，他的旋转式泵特别适用于消防车的特点，非常实用。

刨木机是布拉默接下来的发明，伍尔维奇兵工厂曾有一台这样的机器，他们整整使用了80多年。利用旋转刀具进行工作的刨金属的工具也是布拉默发明的。当今很多的工具制作中仍然可以看到好多对布拉默生产线或者原理的应用，他就是一位伟大的工具制造者。

和默多克一样，布拉默的发明也从来没有停止过。可以在钞票上印制数字的机器是英格兰银行请他帮忙设计的，那是在1806年，他当时已经54岁了。发明这种在钞票上印制合适数字的机器，布拉默仅用了一个月的时间。这种编号我们可以通过对现代货币的细心观察很容易看到。现代印制钞票使用的也是这种机器的改进版。这个发明可以解放100个员工的生产力，作用无比巨大。

制笔机是这个匆忙的发明家接下来要研究的东西。钢笔在当时是不存在的，羽毛笔是仅有的。就在布拉默的羽毛切割机使用了很多年后，詹姆士·佩里于

1819年发明了钢笔。捎带说明一点，在1780年的时候，黄铜笔就被伯明翰的哈里斯制造出来，但是没有推广开来，钢笔被大范围地使用是在1839年。1849时，仅在伯明翰从事钢笔制作的就有2000人。今天被人们普遍使用的金笔，是美国人在1836年第一个开始制作的。

19世纪初的卧式镗床。

让我们接着谈布拉默，他离世的时候，被他申请的专利包括造纸机、改进车轮、木材的防腐等可达20项。在汉普郡的霍尔特森林中有300多棵大树被他制作的质量上乘的水压机连根拔起。布拉默在1814年12月去世就是由于他在主持这项工作时患了伤风并引发了肺炎，他当时69岁。一位贡献卓越的发明家，一位和蔼的好伙伴，这就是约瑟夫·布拉默。总是有欢声笑语萦绕在他的身边，因为他是一个快乐幽默的人。除非实在没有办法，他才会开除员工，他是相当体恤下属的人。他培养助手也是特别用心，一些颇具实力的发明家和机械师，比如：约瑟夫·克莱门特、亨利·莫德利等，都是从他的商铺里走出来的。

车床上使用的滑动支架就是由亨利·莫德利发明的，他在布拉默制造水压机时给予了特别多的帮助。在18世纪，手工活是多数有钱人不乐意做的，但是车工却是个例外，居然受到了皇室的亲睐。乔治三世的手工车床技术就非常好，对于所有的机械设备他都很精通，相当于现在的老技工，一周就可以用象牙或者硬木头制作出四五十个先令。车床也曾被约翰·海以及别的贵族们使用，并可以制作各式各样的美丽物品。

当时的车工工作完全是依靠自己的手和眼，所以很容易发生由于技术不够精湛而浪费大量材料的事情。在金属车削中尤为重要，在保证压力稳定的同时，固定好支架上的工具需要的力气也很大。车工稍有不慎平面被凿子切入太深，就要重新把加工件切低，这样就会有大量的材料被浪费掉。

莫德利的滑动支架就是为了解决这个问题而发明的。这个支架可以通过旋动手柄而轻松地控制工具的固定问题，根据自己的需求沿着工件表面工作。这个发明可能不算精奇，可是它的价值在应用中马上就会体现出来。在应用滑动支架之后，准确、快速、平行地滑动加工活塞成为可能，加工轮轴以及其他类似的工作也可以完成，成本降低的程度是从前想都不敢想的。

1798年，一台滑动式车床被美国的大卫·威尔金森制作成功了，他还对此申请了专利，但是始终没有大规模地被人们使用。

我们在说完莫德利后，接下来要说的就是马克·伊桑巴德·布鲁内尔，19

与正要下水的大东方号合影的布鲁内尔（1806～1859年），19世纪英国伟大的工程师，皇家学会会员。众多蒸汽轮船的建造、大西方铁路的修建，以及更多的重要桥梁工程都是他住持的。

世纪早期最伟大的发明家之一，就工程师的造诣来说，他可以说是前无古人。关于布鲁内尔作为发明家的故事，我们将会在本节中提到。布鲁内尔是法国人，他特别爱好机械，在多数时间里他都耗在乡村木匠铺里，这与身为小农场主父亲的愿望很不一致，牧师一直是父亲期望他能够从事的职业。他曾经因为去木匠铺而受到过父亲的多次打骂，可是依然没有改变他对机械的热衷。一次为了能够买到自己喜爱的新工具，他居然把帽子典当了，这只是他路过商店时偶尔看到的。父亲对于将他送入教堂已经不抱任何希望了，最终把他送去参了军。年少的布鲁内尔在随后爆发的法国大革命中成了坚定的保皇党人，逃到里昂后的他，随即溜上了一艘去美国的商船。

布鲁内尔在美国从事了一份测量土地的工作。在积攒了一些存款后，他来到了纽约，在那里他从事了建筑师的工作，并且对一个剧院进行设计。之后，他从事了大炮铸造的工作，他把一些对大炮铸造和钻孔进行改造的想法告诉了老板。布鲁内尔当时的工资太低了，并不像现在美国的工资是最高的，所以他决定去英国发展。1800年3月，他登上了法尔茅斯，在这里他遇到了之前曾在法国相识的姑娘金德姆。之后，两个人便一起开始生活，相爱结婚。

在英国，经过他灵巧的双手和灵活的头脑，数不清的发明如同泉水一样不断涌现出来了，他的多才多艺被展现得淋漓尽致，这和在美国展现的多面手有所不同。对图画进行复制的机器、纺棉线，以及把棉线打成线团的机器都是由他发明的。制造滑轮的机器是他早就想要研究的东西，当完成缝纫机的发明之后，他开始着手进行试验。必须要有一套或者多套滑轮才可升起或者落下每个船帆。像这样具有木质外壳，并把可旋转的滑轮以及组装用的金属钉等内置其中的滑轮装置，在一个全副武装的战船上有不下1400套。为了预防情况不测和失效等，制作滑轮必须格外小心。一些对帆船造成损毁，把桅杆折断等危险的情况经常是由质量不过关的滑轮造成的。

对制作滑轮机器进行研究的不只是有布鲁内尔，还有位海军工程部的巡视长塞缪尔·本瑟姆，但是，想法更实用的还是布鲁内尔的。布鲁内尔设计的成功要特别感谢亨利·莫德利，不然在重重困难下，自己不知道要研究到什么时候，毕竟对于机械方面的培训，他从来都不曾有过。

同样喜欢车工工作的法国人德巴卡特也是布鲁内尔的朋友。一天，有一件精美的螺纹切削作品正摆放在韦尔斯大街莫德利的商店里，它深深吸引了再次路过的德巴卡特。在对这件精美制品询价的时候，两个人结识了。之后，布鲁内尔在德巴卡特那里听到了有关精美制品和莫德利的故事。他激动地大喊："我要找的就是他，快带我去找他。"就这样，布鲁内尔带了一张自己设计的草图去找莫德利。他并不想把自己的新发明完全介绍给莫德利，所以每次他只拿一小部分给莫德利看，毕竟他们了解得太少了。莫德利在第三次看到图纸时大喊："啊，假如我猜得不错，你要做的是滑轮制作机。""太对了，我的计划你既然知道了，就全告诉你吧。"布鲁内尔惊讶地说道。莫德利接着说："我会以我最大的力量帮助你。"

莫德利真的是说到做到。布鲁内尔在1801年去海军部展示了完整的模型。他的发明很快被采用了，在塞缪尔·本瑟姆看来，和自己的比较，布鲁内尔的要好很多。有44台机械由他们制造并使用，他们惊喜地发现，原本要110人完成的工作，现在仅需10个人就可以了。布鲁内尔因此得到了海军部17000法郎的奖金，他和莫德利的名声从此家喻户晓。其实，他拿的奖金并不多，而因为他的发明，国家每年可以节约24000法郎。

这些所有的成功在布鲁内尔看来，都只是刚刚开始。他继续在造船厂工作，并开始对锯木机进行研究。可是，这里在一场大火之后一切都变成了一片废墟，布鲁内尔变得分文皆无，还被债务人送入了监狱，真是太不幸了。为了让他偿还债务，政府为他拨款5000法郎。

出狱后，布鲁内尔第一件事就是对泰晤士河的首条隧道进行设计。隧道整整建设了18年，开工在1825年，开放在1843年。令人感到好笑的是，假如使用布鲁内尔改进后的设备建造这条隧道，仅需要18个月就可以了。其间还有诸如制钉机、编织机以及制作木头箱子的机器等多项新的机器被他发明出来。布鲁内尔在1841年被授予了爵士头衔。

布鲁内尔集大发明家、工程师以及幽默的人等不同的身份于一身。不要看他对生活漫不经心，但他思维敏捷，犹如光速飞行。有一回，一列飞驰的火车冲向了正在对伯明翰铁路视察的布鲁内尔。一旁的人都吓呆了，在当时人们看来，他除了被碾成碎片，再没有别的出路了。可是等火车开过，布鲁内尔却毫发无损，因为就在千钧一发之际，机智的他马上趴在了铁路上。

隧道在1843年开通时，只能步行通过，1869年它被东伦敦铁道公司购买，以让火车通过，之后，通行地铁成了这条隧道的重要作用。

对朋友特别友善的布鲁内尔，时常去探望一个独居的老妇人。玩纸牌是老妇人特别喜爱的游戏，可是患了风湿病的她就是无法洗牌。一个简易的小盒子就被布鲁内尔发明成了洗牌机，纸牌被放进去之后，旋转几秒中的把手，纸牌被洗好会可以在盒子的一边自动出来。

布鲁内尔可以很好的控制自己的肌肉和关节，人们由此送给他一个"关节伸缩大王"的称号。他在一次试穿新外套时和裁缝开起了玩笑，和左肩相比，他的右肩高出很多，这一点被裁缝看在眼里，裁缝马上对外套的不合适进行道歉，然后拿回去修改了。可是，裁缝在布鲁内尔再一次试穿时，赫然发现这次高出来的竟然是左肩，而不是右肩。他有些懊恼的说："没成想这样的错误居然会出现在我的身上。"可是，随后布鲁内尔哈哈大笑的把自己开玩笑的事情告诉了裁缝。另外一次，有个女人对于布鲁内尔的宅心仁厚非常了解，知道布鲁内尔乐于助人，所以她闯进了布鲁内尔的房间里说自己无法再用针线来赚钱谋生了，因为她的中指再一次意外事故后丧失了活动能力。可是，布鲁内尔觉察到了事情不大正常，发明家可不是傻子，所以想看一下女人受伤的手指。他看到解开绷带后明显残废的手指，然后紧紧握住说道："啊，太奇怪了，怎么会和我的一样呢？"布鲁内尔伸出来的手指居然和自己的相同，女人真的诧异极了。布鲁内尔在把女人吓跑后，一个人哈哈大笑起来。

第9章 电报机

众多的先驱者——莫尔斯电码——首条电报线路——英国的发明家——杀人犯被电报抓获的——高速电报——电动计时器与化学电报机

像是细小的物体会被摩擦后的琥珀吸引这些有关电的性质,数千年前人们就开始接触了,但是这种近似无知的状态一直延续到美国的首批科学家成长起来。我所说的当然是第一个利用风筝把闪电从天空引下来的本杰明·富兰克林,这个伟大的发明家出生在1706年。避雷针就是他发明的,闪电只是电力的一种也是由他证实的。正是因为有了当年富兰克林对电力的痴迷,才有了我们今天所有和电有关的发明。

和很多其他对人类有益的发明一样,电报也是很多人共同智慧的结晶,而非某个人的单独发明。两个人相隔一定的距离,相互间的通信可以通过电磁来实现,这是伽利略首先提出来的。对于可以用

富兰克林在1772年为了揭示雷电现象,做了一次著名的"费城实验"。这次物理实验在电学历史上是非常有名的,同时是有生命危险的。

莫尔斯，美国画家，有线电报的发明人。为了制造电报机，他花完了所有的积蓄，终于在1837年研制出世界上第一台传递电码的电报机。他还发明了一连串的点、划，以代表各个字母和数字，也就是今天的莫尔斯电码。

磁通信的原因——两个针具在被天然磁石磁化后，被放置在两个不同的轴上，可是马上它们会平行地指向同一方向，这是由一位意大利学者、耶稣学会会员斯庄达阐述出来的。在刻有字母或者单词的表盘上安装上这种磁针，在约定的时间，磁针的主人就可以相互通信。

格里诺克的博士查尔斯·莫里森更具实践精神。1753年，他把一种通过电力传送消息的方法写信发给了《苏格兰期刊》。莫里森在电力方面的博学多才在这封信里表现得淋漓尽致，可是经过了半个多世纪的研究，总也没有更进一步的发现建立在他的方法之上。

有种通过摩擦生电驱动电报发送的方式于1820年被居住在哈默史密斯地区的罗纳兹先生发现了。对于它的通信能力，罗纳兹在距离几百码远的导线上进行了成功的演示，然后就其实用性请海军部的人给予评鉴。海军部则是以绝对经典官方化文章为其作了答复。海军部告诉他："目前使用的方式是我们唯一采用的方式，对于其他新的方式我们根本不会采用。"对于正在使用的方式，我要说一点，其实就是使人站到高高的信号塔上挥动旗子，这种方式现代海军仍然在使用着。

之后，电报机可以通过把金属线缠绕在针上来制作的说法被发明者安培提了出来，所以，对于电通信的可行性研究吸引了很多发明家的参与。库克和惠斯通是两个英国的发明家，维尔和莫尔斯是美国的。和电报发明有关的伟大发明家有很多，莫尔斯只是其中的一个而已，人们之所以对他非常了解，是因为莫尔斯电码就是以他的名字命名的。我们首先要讲述的就是有关他的故事。

1791年，塞缪尔·莫尔斯出生于马萨诸塞州的查尔斯顿，是个土生土长的查尔斯顿人。按职业分类来说，他既不是发明家，也不是科学家，他就是个艺术家。和别的发明家不同，年轻时的莫尔斯接受过良好的教育。他被身为牧师的父亲送到了有名的耶鲁大学学习。他一毕业就去了英格兰。因为制作"垂死的赫拉克利斯"雕像，他在22岁那年荣获了埃达菲艺术学会的金质奖章。回国后他担任了美国国家设计学会首任会长。和其他浪漫主义艺术家不同，年少的莫尔斯特别爱好化学，另外也特别感兴趣那个时候产生很多利润的电学发现。

莫尔斯研制的电报机原型。

纽约和伦敦是莫尔斯时常往返的地方，和参加巴黎电学交流会的查尔斯·杰克逊博士相遇，就是在由法国通往美国的萨利克号邮轮上。邮船大都有较长的航行时间，所以他和这位波士顿的电学家在长时间的交流中都显得很高兴。

有一天，在两个人吃饭的时候，一块电磁石被杰克逊博士在皮箱里拿了出来，杰克逊博士介绍说："假如把线圈缠绕在磁铁上，磁铁会在线圈通电的情况下增大磁力。""电的速度有多快？"另一个乘客马上插口问道。"太快了！要想准确地检测都很难。"莫尔斯被杰克逊博士的回答引起了极大的兴趣。假如电路中任意段的电流可以被看到的话，那我想要用电来传送信息也是有可能的了。这样的想法被莫尔斯提了出来。针对这个问题，两个人进行了一个小时或者更长时间的讨论。莫尔斯的一生就被这次谈话改变了，从而促使他发明了莫尔斯电码和首台电报机。

电流在导线中传输，距离可以无限远，并且在通电导线断开时有火花产生，这些都被莫尔斯了解到了。于是，某个字母可以通过这个火花来代表，再有一

莫尔斯向人们演示他发明的电报机

个字母可以通过没有火花来代表,第三个字母可以通过没有火花的时间长度来代表,这一系统的想法在莫尔斯的脑子里形成了。就这样,一套完整的编码被莫尔斯利用之后6个礼拜的剩余旅行时间编写成功了。他在船即将靠岸的前一天,激动地对船长说:"亲爱的船长,假如电报发明的奇迹在将来某一天传到了你的耳朵里,你一定要相信,这个奇迹就产生在萨利号邮轮上。"

回到纽约后的莫尔斯马上扎进了工作室,对于新发明的完善占用了他绝大部分的时间,画画仅够维持生计。对于研究将要遇到的困难,他同样无法幸免,这和其他的发明家是相同的。信息并不能被电流传送多远的距离,因为导线中都有电阻存在,这会使电流在一段距离后变得极其微弱。莫尔斯被纽约大学的盖尔教授告知,这个困难可以通过再生系统去解决。可用来收发信息的模型电报机就是由莫尔斯和盖尔教授共同制作成功的。

一个旧相框、木制钟表的轮子,以及一条地毯边等这些零散的材料,成了莫尔斯制作模型机的原料,因为在那个时候,莫尔斯身上已经没有多少钱了。

莫尔斯又一次和杰克逊相遇是在1832年。他的发明完成是在1837年,可是市场始终没有打开。阿尔佛雷德·维尔先生是个有钱人的儿子,他在1837年刚好听到了莫尔斯在纽约大学对模型机的演示,他对此特别感兴趣,和莫尔斯进行了愉快的交谈。他对于莫尔斯提出的由他提供资金支持,并且可以分取1/3利润的说法表示了同意。除了资金,维尔对莫尔斯的帮助还有其他的方面。莫尔斯假如失去了维尔的帮助，取得成功是相当困难的。

对这个发明，莫尔斯马上申请了专利，并且向公众展示了一个制作完整的模型机。对于这项发明的价值，在之后的几个月里几乎没有人认识到。维尔的父亲在1838年1月对工厂进行视察，并且拿一个写有"拥有耐心的人才会取得成功"的纸条对发报机进行了验证，他对自己儿子这样说："要想使我信服，除非是另一端的莫尔斯先生可以读到这句被你发出的话。"实验取得了成功，尽管信号要穿越的导线有13千米长。

国会安排莫尔斯演示是在1838年2月21日。国会议员们被这种经过16千米成功传输信号的装置深深打动了，拨款10000美元建设一条电报线路连接华盛顿和巴尔的摩的议案马上被提了出来。但是在莫尔斯的苦苦等待中，国会并没有对这一议案进行表决。这依然没有阻止莫尔斯的实验，穿越纽约港的首条海底电缆铺设成功了。这条长度3千米的电缆运行一直良好，它的绝缘层是通过印度橡胶和焦油做成的，它后来被一艘船在出发时升起的锚挂断了。

关于拨款30000美元，莫尔斯在陆地上重新铺设电缆的议案在1843年总算被国会通过了。对于饥饿中的莫尔斯来说，这30000美元真的是及时雨呀。可是莫尔斯的困难并没有得到解决，因为这些资金并不能使电缆全部被埋藏于地下，最后只能是通过电线杆完成了所有线路的铺设。64千米的线路正式开始工作是在1844年5月1日。就在那一天，莫尔斯把亨利·克莱当选为巴尔的摩市长的消息，用比火车快很多倍的电报传送到了华盛顿。电报线路正式运营是在5月24日，"上帝创造了何等奇迹？"这一具有历史意义的消息就是在那一天发出去的。为了对电报线路进行维护，国会每年都会拨出8000美元的专款。1美分是前四天的收费标准，18美分是第五天的，60美分是第七天的，随后猛增至1.32美元，

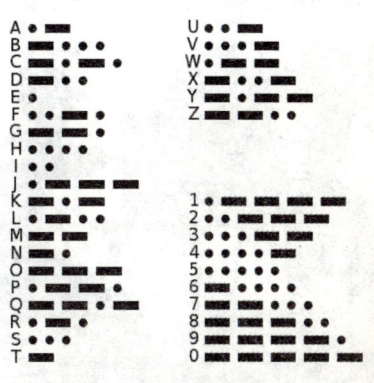

莫尔斯电码

这些收费标准都是我们通过早期的账目表查出来的。

莫尔斯打算以 10 万美元的价钱把这个发明卖给政府,可是政府并没有同意,后来证明这真的很幸运。就这样,新的公司连同其它的电报线路被莫尔斯建立起来,财富滚滚而来。对于莫尔斯的发明,很多小人总想着仿造,结果都被最高法院给予了应有的惩罚。变得富有之后的莫尔斯同时收到了很多来自国外的殊荣,比如来自法国政府表决的 40 万法郎的奖励。莫尔斯的晚年生活是富裕和快乐的,他去世是在 1872 年。

关于电报机的发明实验,与莫尔斯同时进行的还有英格兰的一些人。英格兰首个进行这项实验的威廉姆·库克,他既非机械师也非科学家,而是一名军官,这有点和莫尔斯相似,同样令人感到奇怪。隶属于驻德拉斯陆军的库克,第一次接触到的电报机居然是个玩具,当时是 1836 年,他正在家休假。在海德尔堡的大学阶梯教室里,有一对磁针和两个线圈组成的电报机,它的磁针跟随着电流的断续而发生相应的摆动,这一点给库克留下了特别深刻的印象。随后,玛丽·萨默维尔著的《自然科学的联系》一书在一个偶然的机会传到了他的手里。库克要制作出具有使用价值的电报机的想法就来自这本书。

库克和在电器以及电学方面有着极其丰富经验的惠斯登教授结成了很好的搭档,这就如同莫尔斯和维尔两个人组合在一起。库克他们同样申请了专利,随后把电报机成功建设在了位于伯明翰和伦敦铁路上的卡姆登车站,它的另一端是伊顿广场,那是在 1837 年。有很多的名人出席了库克电报机的公开实验,这其中就包括伊桑巴德·布鲁内尔和乔治·斯蒂芬森两位伟大的工程师。那是在 1837 年 7 月 25 日,在伊顿操纵电报机发送第

莫尔斯电码作为一种信息编码标准,其长久的生命历程是其他任何编码都无法超越的。直到 1999 年之前,它一直都被当成是国际标准用于海事通信。

一条消息的是惠斯登教授，而在卡姆登镇火车站等候的是库克和所有参加实验的人，在收到消息后，他们立刻回复了一条消息，两则消息的时间几乎相同。惠斯登说："这是我一生中最激动的时刻了，寂静的房间里是剩下了我在拼写词语时敲击针的声音，这足以证实这个伟大发明的实用性。"这一新的发明被英国的公众接受起来经历了很长的时间，这一点和美国的没有什么差别。传送市长的选举结果为电报在美国的传播奠定了基础；而推动英格兰电报发展的却是一次抓捕小偷的经历。

首先使用电报系统的是英格兰的铁路公司，连接帕丁顿和雷丁的大西部全长59千米的电报系统建设是第一条线路。两个小偷从伊顿逃至斯劳的时候，线路刚刚建设好没多长时间。结果小偷乘坐列车的车厢等消息就被库克利用电报通知了斯劳当局。警察在列车到达后马上控制了列车门，并询问乘客是否有丢失东西的。"我的钱包不见了，里面有两块沙弗林金币。"有个女士大喊起来。警察随即对一个小偷说："你被捕了，菲德尔。"没有任何的辩解，没有逃跑，吃惊的小偷乖乖地把赃物拿了出来。伊顿很快就收到了斯劳传来的消息。我们来看一下有关当天的记录："乘坐不同次列车的小偷隐藏在斯劳附近，他们正对电报大肆地辱骂着。"整个英格兰都听说了这个故事，电报在罪犯抓捕过程中起到的巨大作用很快被警察注意到了。

时间不长，新电报线路的建设取得了很好的广告效应。在伊顿附近的盐山村，有个女人在1845年新年那天被人杀害了。慌忙逃走的男凶手被听到尖叫声后的女邻居看到了。她回忆说，这个穿着如同教友派的男凶手以前好像时常来这个村里。杀人犯向火车站方向逃去的消息被这个女人告诉了牧师，跑至火车站的牧师，看到了相似打扮的人跳上了出站的火车。牧师赶快找到电报员，于是，有这样一则消息马上被发到了伦敦："在7点42分由斯劳发往伦敦的列车上，有个持有头等舱火车票的人可能是盐山村杀人案的凶犯。他乘坐的是第二节头等客舱的最后一个包间，身穿褐色大衣和教友派服饰。"回复消息在半个小时后到达："火车已到，符合你描述的人就是在你指定的车厢走出来的，我已经把这个人指给了威廉警官，威廉警官已经跟着他上了一辆车子。"在警官的跟踪下，这个凶犯先是到了议院大厦车站，随后进了一个咖啡馆，趟过河流，穿过坎农街，最后进了自己的宿舍，警察于是把他逮捕了。经过进一步的证实，这个凶犯被判处了死刑。

工作效率低下，是早期电报的一大特征，这同时也是所有发明者一直都在改进的地方。爱迪生发明的双工电报系统是最先在这方面取得进展的。这种电报机是托马斯·A·爱迪生在波士顿做发报员的时候就发明了，可是对其进一步的完善是在1872年。可以在同一线路上连发四条消息的是四分频电报机，这是后来出现的，它的速度在每分钟100字以上。

电报最先是被英国的铁路公司建设的，这一点我们上面提过了，可是所有的电报线路后来被1846年成立的国际电气公司接管了，他们迫切需要有两条线路对最简单的消息进行发送。每当暴风雨来临，这条线路总会罢工，因为它的电线杆不牢固，电线的绝缘性不好，总之是所有的质量都不达标。

之后，亚历山大·本发明的化学发报机被国际电气公司引进了。可怜的本真的应当晚出生半个世纪才好呢，他是个天才发明家，他原本是爱丁堡的一个普通钟表匠。他发明的驱动装置就是钟表，当有电流通过时，细细的钢针就会把一些蓝色印记留在展开的化学纸带上。现代所有高速系统都是在本的这项发明基础上建立起来的，只可惜，如此伟大的发明，却并没有给本带来哪怕是一丁点的好处。

有意思的电动报时器或被称作是英国的时间计时器，也是被国际电气公司引进的。全国各地在每天上午的10点和下午的2点都会收到来自格林尼治的标准时间，这就是它所起到的作用。它会被一直沿用着，除非这种电信技术消失不见了，这个精美复杂的装置是瓦利（Varley）发明的。

打印电报机是在1855年由肯塔基人大卫·E·休斯发明的，它的电文可以用罗马字体打印出来。对于他的发明，欧洲和英国一直在应用，不过美国正有一些系统慢慢取代它的作用。它可以同时把8条消息发送出去，它和西方联盟原来使用的多功能系统是在同一条线路上的。

第10章
电报线缆在海底的发展

威廉·汤姆森的突出贡献——一条电缆的铺设——形式不同的发明

电报技术一旦在陆地上成熟之后，其线缆可以很容易地铺设到海底，前提当然是线缆要做好绝缘措施，大家可能都这样认为。

莫尔斯时期的电学家们也是这样想的，可是事情并非如他们所想的那样容易。其实，线缆内部的金属芯、外层的绝缘皮，再加上海水，这样就如同一个巨大的电容器或莱顿瓶。电流在铜芯中传播速度会逐渐减弱，因为它会感应到海水中反方向的电流。可是电流要弱是首要的条件，因为电缆会被强大的电流击穿。仅仅运行了23天的首条横穿大西洋的电缆就是个很好的例子，它成功铺设在1858年。

美国铺设第一条海底光缆

汤姆森的名声可以传遍海外，是因为在连接英国和美国首条海底线缆的铺设成功的功劳就有他一份。19世纪最伟大的技术贡献当属这条线缆的铺设，这是毫无疑问的。1858年8月17日，海底电缆首次进行了通话，当时连接的是横穿大西洋的英国和美国。

1777年出生的奥斯特，是丹麦的物理学家，电流和磁体之间联系的思想是他在1812年最先提出来的。电流对磁针的作用也就是电磁效应是他在1820年4月发现的，大量的实验成果因此横空出世，物理学的新领域——电磁学由此被开辟出来。奥斯特于1851年去世。

这条线缆造价太过昂贵了，此次事故严重打击了塞勒斯·菲尔德和支持他的人。在他们看来，横穿大西洋的电缆通信在做出了这样大的投资后还没有取得成功，那这件事情几乎就是不能的了。但是，另外一个办法被威廉·汤姆森想到了，他是19世纪最伟大的科学家之一。1842年威廉·汤姆森出生在爱尔兰的贝尔法斯特。他的父亲在汤姆森很小的时候被聘请为格拉斯哥大学的数学教授。这使得汤姆森受到了良好的早期教育，同时培养了他对电学的浓厚兴趣。

汤姆森早已料到，把消息通过这2000英里的绝缘线缆传送出去，一定会出问题，在他看来应当使用一种全新的方法，一种和陆地电缆有别的方法。把微弱的电流变成可见的电流，就是他想到的办法。镜式电流计就是针对这一办法发明的。悬挂于导线附近的磁针在导线有电流通过时会发生摆动，而导线内部电流的方向决定了磁针的摆动方向，电流的强度决定了摆动的幅度，这是丹麦著名物理学家奥斯特早在汤姆森之前就已经发现的规律。

汤姆森用于对电流进行检测的镜式或者反射式检流计就是根据这一发现发明的。圈数很多的特别细的绝缘铜线就是电流的线路，由丝绸悬挂的小磁针就吊在被它们围绕成的中空线圈中。如同我们正在阅读的印刷体的四五个字母大小的磁铁和小圆镜子的联合体，经过一束灯光的照射，

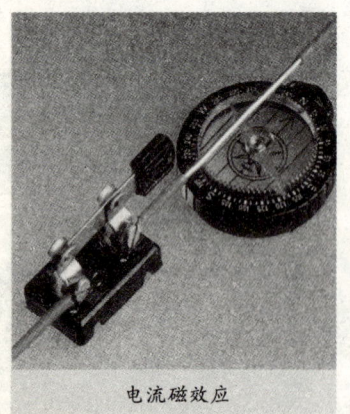

电流磁效应

镜子会把灯光再反射到刻度尺上，通过线圈的电流强度决定了光束反射的距离和刻度。所以，对于所有金属线相对于某一特定电流的电阻，我们都可准确地测量出来。同时，对于极其微弱的电流，在一般的探测器检测不到的情况下，这种具有可视功能的镜式检测计一定可以给操作员提供很大的方便。

在成功铺设好首条横穿大西洋的电缆后，只要用女士们的银顶针，几滴硫酸，以及微量锌制成的微量电流就可以用来发射消息。对于这极其微弱的电流，我们可以通过汤姆森的检流计轻松地看出来，这还是在穿越了整个大西洋后，第一条海底线缆连接的应当是英国和法国，那是在1850年。连接英格兰和爱尔兰的是第二条，是在1852年。第一次横穿大西洋的电缆是在1857年铺设的，但是最终失败了，1859年又一次进行了尝试。这段经历我们之前说过了，在这里我还想再说一次这个有趣的故事。

为了横穿大西洋，把新世界和旧世界连接起来，人们从英国政府借来一艘军舰"阿伽门农"号，再加上"亚尼加拉"号，两艘船都装了一半的电缆，于1858年6月出发了，等两艘船到达海中央之后把电缆连接到一起，这是最初的计划。但是后来计划改变了，先是在爱尔兰西海岸和舰队一起出发的"尼亚加拉"号进行电缆的铺设，之后，再由"阿伽门农"号继续铺设。但是舰队在开始就被厄运纠缠着，"阿伽门农"号被暴风雨袭击被迫漂流了36小时。有两名水手严重受伤，甚至其中的一个被吓疯了，他们的煤也烧完了。船长指挥着"阿伽门农"号和飓风搏斗，最终在指定位置和"尼亚加拉"号会合了。两艘船在电缆连接完成后马上向相反的方向驶去，但是电缆在他们刚刚看不到对方时断开了。电缆被工作人员拖出来之后进行加固，铺设工作又一次开始，但还是没有取得成功。"阿伽门农"号的电缆在暴风雨中移位从而导致搅在了一起，是这次失败的主要原因。最后480千米长的贵重电缆损失在了大海，船队被迫返航。可是，这并没有吓倒公司的管理层，当年的7月17日，新的征程再次开始了，这次船上装了更多的电缆。让人吃惊不已的是，"尼亚加拉"号在8月5日把任务完成的消息带回了纽约。这消息真的是太令人激动了。更加令人兴奋的是，

8月16日,维多利亚女王把第一封电报发给了美国总统。但是如同我们前面讲到的,这条电缆由于不能够承受强电流,使用起来并不是很方便,它的工作在正常运行了23天后停止了,所有关注它的人都失望极了。在这23天里,总共有400条消息被这条电缆发送,从伦敦司令部发出的的消息当属是最为重要的,他是命令即将返回英格兰的某驻扎在加拿大的军团继续坚守,英国纳税人因此节省了15000英镑。重新启用和修复大西洋电缆是在1865年,第二年,一条重3300吨,长度为3052千米的新电缆又被放入大西洋中。

　　成功制造出深海电缆的还有很多的发明家,不单单是汤姆森一个。其中有种具有很好绝缘性、防水性以及黏性的查特顿混合剂,它的制作方法就是把斯德哥尔摩焦油、树脂和古塔胶混合。

　　为了保证整条电缆的安全使用,海底电缆的制作不允许发生任何的小错误,它有着特别细致的制作工艺。一条链条的强度就是它最为薄弱的环节,也是这个结论最好的实证。一定要认真检查每一处用到的材料,尤其要注意的一点就是一定要用在扭曲、断裂以及拉伸的方面性能最好的铅来制作护套。所有电缆的性质必须经过工人的细致记录才可以被卷起来,任何一英里都是如此。哪怕是整条电缆完成后,工人对其的电气测试仍然要照常进行。在工程完成到拿去

1909年美国旧金山铺设金门海底电缆。

铺设期间，卷好的电缆要被放入装满盐水的大箱子里。

假如没有众多发明家的智慧，如此复杂和困难的电缆铺设工作是根本无法完成的。船只不能完全依靠天气和风向，这是完成电缆铺设的首要条件，所以海底电缆是不能在发明蒸汽船之前铺设成功的。现代放缆船倒退是很轻松的，因为它的两端都安装有螺旋桨。有个用于释放和回收电缆的特别机器和一个放置电缆的铁箱子被安装在了船上。除了这些，一个灵巧的水深探测仪也是必不可少的。

测量水深的方法是一个美国军官发明的，他就是布鲁克，这种方法一直沿用到现在。威廉·汤姆森后来发明的水深测量法是利用金属绳电报机。这种金属绳子可以很快被拉出水面，因为它的直径要比绳子小，相对摩擦力也小。拥有一个形同气压计表盘的水深探测仪是斯蒙发明的。这种探测仪的工作原理是通过水银柱的重力来实现的，路过海域的深度可以显示在表盘上，它可以放在船长室里使用。

这会儿，让我们想象一下放缆船铺设电缆的情景，驾驶员有了，所有装备都齐了。为了均匀铺设，下放的电缆必须通过机器来实现，绝对不允许依靠电缆重力。另外，为了防止电缆变形或者断裂，也不能控制得太紧了。所以，首先要发明出两种装置一次性来对电缆的张力进行精确的感知和测量。阿伯德最先发明的摩擦闸就是其中的一个；由三个滑轮构成的测力计是另外一个，这三个滑轮中一个是动滑轮，另外两个是定滑轮。上面的定滑轮和下面的动滑轮在电缆穿过后会被电缆的重力拉成 V 字形，V 字形会在电缆的张力变大时而变短，这个时候为了调整松弛度，我们就需要调整船行驶的速度。对刹车鼓上的闸片转速、螺旋桨的转速，以及电缆的张力的观察是不可以间断的，不论白天与黑夜。为了使电缆具有适当的绝缘性，在电气测量室对电缆的控制同样不可放松。前面说过的张力测试仪的作用就在于此。

船在发现故障报告后一定要立刻停下来进行检测，直到找出故障原因。故障点在现代精密仪器的测量下一定会被提前发现，之后被割断，修复，并再次接合好，铺设工作才可以继续。假如有问题的部分已经被放入水底，那就要在

全世界第一条海底电缆是1850年在英国和法国之间铺设，穿越了英吉利海峡。

蒸汽绞盘的带动下利用拾起装置把电缆再次拉起来。

电缆的铺设工作在好的天气里尚且不是特别容易，要是遇到坏的天气，就很难用艰难来形容了，根本就是充满危险。工作人员会在暴风雨的天气里，把电缆切断，利用浮标标记好末端，撤离铺设海域，要等天气转好才可以继续工作。

第11章 桥与路

罗马人——中世纪时期的道路——泰尔福特的重要贡献——大型吊桥——铺设木板或沥青

路根本就不可以算作是发明,因此在这里讨论路的发明纯属是浪费时间,这或许是你目前的想法,但是我的看法和你是有所区别的,所有文明的出现都离不开路,国家要想繁荣富强大,首先是要有好的道路,这是我自己持有的看法。

另外就是现代路面的奠定者、真正的发明家泰尔福特,是我们有必要一提的。很多铺路方法和铺路材料的专利,尤其是关于公路的专利都是由他申请的。

英格兰的首批道路是由罗马人建设的,他们同时也是古代道路的建设者。他们的建设包括:尼尔路,连接当斯堡和挪威;沃尔挺大道,连

早期的道路并没有经过什么加工修饰,都是经过人们慢慢行走而成的,在这样的充满大小坑的道路上是走不快的,尤其是在下雨的天气里,马车更是行驶不得。

油画 小道　　　　　　　　英国在18世纪时依然没有一条成形的道路。

接着约克、斯特和肯特,它也是纽卡斯尔和卡莱尔的交通要道;佛斯路,连接着林肯和巴斯。8～15英尺是罗马人铺设道路的宽度,不是很宽,它们笔直的通向溪谷和山上。这些路的路面是平整的石头,下面垫底的也是石头,它们之间起粘合作用的是石灰。历经2000多年的发展,其中的一部分至今仍然保存着,可见它们的牢固程度,看来那些巨额的修路费不是白花的。

　　英格兰的道路在罗马人离开后,变得没有了模样,几乎到了无路的状态,在中世纪时期,为了对伦敦城里以及周边的道路进行修复,爱德华三世在1346年征收了修路税,可是并没有多大的改善。英国的道路得到改善是在1555年,一部与此相关的法案被通过了,主要内容是:为了维护本地的道路,所有教区都要有两位监测员。有关这部法案的影响力,有篇文章曾经作了专门的论述。当时是在1610年,为了修建道路,人们设计了木框架,然后再把沙石、灰渣以及石头填充到里面。"在那个时候路真的是太少了,几乎没有,遭遇损失,货物丢失是常有的事情，到处都是愤怒的人群。"这是有关的记载。

有人在 1620 年提出了这样的建议：失业者可以通过修路来挣取生活费，价格是每篮子沙石 1 个便士，这些钱从哪里出呢？那就是通过教区设立的收费站来收取。

可是，在进入 18 世纪以后，英国的道路情况仍然是以前的老样子。伦敦周围的道路在 1736 年时差极了，连接着圣·詹姆士宫和肯斯顿的一条道路，假如是在下雨天，乘坐马车要 2 个多小时，即便是国王自己的车子，也难逃陷入泥潭的厄运。砾石铺成的道路，个别的地方要比四周高处 2.4 米。路基是不存在的，泥泞的冬季，灰尘满天的夏日，这道路倘若遇到洪水将会消失得踪迹皆无。这些肮脏的现象同样发生在伦敦和一些大城市中，排水沟的口子在道路的中间或者两边，一股股刺鼻的气味散发得到处都是。

邮件马车第一次通往格拉斯哥是在 1788 年，可是邮件服务根本无法实施，因为当时的路况极差，还有充满危险的桥梁。一辆马车和车夫坠落桥下的报道被刊登在了 1814 年的报纸上，当时有几个人受伤了，车夫和其中的一名乘客死亡。工头说没有维修这些桥梁的资金，这样的情况居然几个月没有得到解决。这一点，不会有人相信吧？一项拨款 50000 英镑用来对这些道路进行修复的法案在 1861 年获得了国会通过，完成这项工程的就是泰尔福特先生。

新修的道路大多是供皇家使用，路面特别平整，对马车很适合。普通人使用是要交费的。

第11章 桥与路

英国的福斯铁路桥

托马斯·泰尔福特一生功绩卓越,有很多的道路和花样繁多,颇具创新意识的桥梁都是被他修建的,他被誉为英国历史是最伟大的桥梁工程师。另外就是他颇具特色的公路建设,穿山公路在他的精心设计下可以达到最低的坡度。

和那个时期很多的伟人相同,托马斯·泰尔福特也是从社会的最底层走出来的。他出生在一个牧羊人的家庭,他走上石匠的道路也是因为自学的结果。1782年他在伦敦建造阿莫赛特剧院的工程中帮忙。1784年他又去了朴茨茅斯造船厂打工。在他30岁那年担任什罗普郡公共工程质检员的工作。之后,开凿连接大西洋和北海的苏格兰运河工程就是由他负责的。政府让其负责苏格兰的道路建设是在各种运河工程完工的时候。在英格兰,大约有1200座桥梁,1600千米以上的道路,多个海港,以及形式多样的公共建筑物是经过泰尔福特修建的。因此说他是"道路巨人"他是完全担当得起的。

只有把路基打坚实,排水沟建设好,道路才可以经久耐用,能够认识到这一点的泰尔福特是罗马以来的第一人。在上坡路9米的距离内,最多只能上升0.3米,这是他对道路设计的一个基本原则。为了打好路基,对于各种挑拣来的合适石块,他要求工人们手工铺设,向下的是宽面,7.5厘米是表面尺寸允许的最大误差,并且这样的路基要两层,下面一层的厚度不得低于18厘米。对于石块间的缝隙,要用一些碎小的石块进行填充,这主要是为了形成较好的平面。路基的上面铺设的碎石最高6.4厘米,并且两边要比中间低出10厘米。再往上层是砂石浆,厚度是2.5厘米。一条排水沟就建设在道路的下面,还有许多的出水口用于向外部排水,它们之间相隔的距离是 91 米。这样的道路对于出行在外的马车是非常适合了,可是要满足机动车的出行要求,修建方法将是全新的。

威尔士令人吃惊的山路被泰尔福特修建成功是苏格兰工程结束后的事情。他把半边山炸毁了就是为了缩短几千米的道路距离,这个工程师的胆子是最大的。随后,泰尔福特又完成了横跨莫奈海峡的大型悬挂桥,这是他一生中最伟大的工程。

英国桥梁专家托马斯·泰尔福德。

1820 年悬挂桥的工程开始,施工近四年就只是竖立起了 7 个桥墩,其中有 4 个是竖立在恩捷尔斯岛一侧,另外 3 个竖立在威尔士一侧。对用于支撑桥面的大铁链的安装方法,泰尔福特必须自己进行各种各样的计算和实验,因为没有任何可以参考的资料。可以承受 90 吨重量的大铁链的链条直径就达到了 21 平方厘米。经过周密的计算,泰尔福特得出要有 40 吨的力量才可以把重量为 23.5 吨的铁链悬挂到两个桥墩之上。有关前期的准备工作,泰尔福特认真地做着,一副势在必得的样子,而对于人们"这些铁链他永远都挂不上去"的议论,他一点也不去理会。所有的准备工作在 1825 年 4 月 26 日完成了。

一根铁链被一艘长度在 137 米之上的大船拉着在涨潮之前驶离了岸边,它并没有行驶到对岸而是折回停靠到了两个桥墩那里。威尔士桥墩上悬挂着另外一根铁链,之后把两根铁链绑到一起,用绳子固定好,再把跨过桥墩的铰链和绳子连接好。恩捷尔斯岛这边同样如此。乐队开始演奏,伴随着音乐的节奏,150 名强壮的大汉以统一的步伐开始操纵绞盘,这就如同是一个巨大的船锚被升了起来。铁链伴随着卷起的绳子开始慢慢上升。一旁站立的人群发出了雷鸣般的喝彩声,他们眼看着铁链慢慢离开了大船。

整条铁链被拉伸到水面之上,在合适的位置固定好,大概仅用了一个半小时的时间,在此期间居然没有出现任何的意外,可见泰尔福特计划的完美。当朋友过来向他表示祝贺时,发现在整个的安装过程都镇定自若的他,此刻却正

图为托马斯·泰尔福特设计的洛·锡安桥。

跪倒在地上对上帝对这项工程给予的帮助进行祈祷。朋友这才知道,他的内心其实特别的担心,好多的晚上都无法入眠,唯恐自己的计算中发生错误。其他的 15 根铁链也被安然的吊了起来,这是必然的。霍利黑德和伦敦的邮政马车在 1826 年大桥通车后快速地穿行于此。

泰尔福特在那个时候已经是古稀之年,但是他依然坚持工作着。上面带有 3 个拱形闸门的伦敦圣·凯瑟琳大码头也是由他建造的。随后建造了带有石拱宽度达 46 米的塞温大石桥,这是他在格洛斯特郡实施的工程。还有爱丁堡的迪安大桥也是由他建造的。布鲁梅勒的克莱德大桥特别壮观,令人赞叹不已,这是泰尔福特最后的伟大工程。他在这座桥建成之前就已经去世了,所以我们不能严格地说这座桥是由他建造的,但是建造的过程完全是按照他的设计进行的。

有关泰尔福特的故事,资料上有很多的记载,查林路口的酒店是他频繁对伦敦进行访问时居住的地方,那里随时都欢迎他的入住,房间一直都为他预备着。他在很多年之后决定为自己购买一套房子。他有一天和老板说,打算一两周内就搬走了,因为自己购买了一套房子。老板吃惊地大喊:"这是为什么呀!先生,为什么离开我的房子呢？我都花费了 750 英镑，这都是为了您。"看着一脸不解的泰尔福特，老板解释说："您已经被酒店当做最值钱的部分了，为您付房费是所有酒店工作员工的好运和荣幸。"

泰尔福特时常接受外国政府的邀请，对那些国家的道路和桥梁进行设计，他的设计包括连接佩斯和布达的悬挂桥，连接布瑞斯和华沙的道路。19 世纪开凿的巴拿马运河，可以追溯到美国的国家资源。在开凿这条运河上，法国的工程师雷赛布不只尝试了一次，可是没有一次是成功的，这个浩大的工程是他第一个想到的，这是多数人的认为，其实，在一个多世纪以前，泰尔福特就已经预料到有可能把大西洋和太平洋连接在一起了。遵照他的遗愿，托马斯·泰尔福特被埋葬在威斯敏斯特大教堂，紧挨着罗伯特·斯蒂芬森，那是他特别尊敬的人。

沥青路是现代城镇中普遍应用的，发明它的人和泰尔福特生活在同一个时代，他就是弗雷桑先生。也许是因为路基的原因，他在 1825 年第一次铺设的沥青路并没有得到人们的好评。

在道路上铺设沥青的专利早在 90 年之前就已经有人申请了，他在路基上铺设的是 93% 的沥青混凝土和 7% 的沥青混合物，因此说，沥青路的出现要

沥清路面
利用沙拌料铺设的沥青路具有很好的透水性，遇到雨水还不会打滑，在高温的天气里也不会融化，维修比较简单，实行机器铺设非常方便，12 米的路面一次就可以完成。

比大家想象的早很多。一条 46 米长，3 米宽的沥青路曾在 1838 年被铺设在伦敦的怀特霍尔街。在对当时的记录进行查阅时，我们会发现一件很有意思的事情，当时之所以没有推广使用沥青路是因为："它不容易被破坏和重修，这样需要很长的工程才可以对下面的管道进行维修"。和当时相比，80 年后的管道更多了，可是沥青路已经扎根了，并且挖路维修的情况依然在继续着。

  对铁路修到西部猎场这件事情，北美的印第安人特别气愤，因此他们试图用绳子把再次通过的第一辆列车拉住，可是火车不但没有被阻止，反而是要了印第安人的性命，真是件不幸的事情呀！

第12章
缝纫机

蒂莫尼耶的灾祸——奋斗中的伊莱亚斯·豪——奔向财富的艾萨克·辛格

每当发明家完成一种机器的设计时,如果它可以使一个人的工作替代10人、20人或者更多的100人,那立刻就会有很多人反对他,所以他们的道路充满了荆棘。被机器夺走工作的人们只是其中的一个方面,对于机器的发明是否会推动生活向前进步,尚未作出判断的人们又是另外的一个方面。这些都会使得发明被推延使用,更激烈的活动是破坏机械模型,迫害甚至杀死发明者。

缝纫机的发明可以说在节约人力方面做出了很大的贡献。向前推至100多年前,人们都是用手工慢慢地缝制衣服,那些缝纫女工的工资少得可怜,她们的生活相当困苦。缝纫机对于她们来说真的是救苦救难,反对

蒂莫尼耶和他发明的缝纫机

这个发明的只能是少数的一部分人。

可是对于缝纫机的设计工作直到18世纪中期才开始，这真的是很有意思的。一个德国的裁缝维斯奥于1755年率先用一个中间有孔两端带尖的针进行了对这种机器的尝试。锁边机是英国的格拉斯哥的机械工约翰·邓肯改造原来机器的产物，这距发明开始都有半个多世纪了。这并不是真正的缝纫机，只是具备一些回针缝纫的思想而已。

1790年，伦敦工匠托马斯·赛特发明了第一台真正意义的缝纫机，对于皮革进行缝纫的机器，他马上申请了专利。这个零部件没有几个的简单机器，连个工序说明都没有，不过是对链形缝纫法的原理进行简单应用而已。这个被尘封的记载是80年后对此感兴趣的人在专利局找出来的。垂直臂、垂直运动机、导纱针/眼子针，这些现代机器上有的部件，赛特的机器上同样有，另外还有类似于现代机器的伺服系统。由于发明者对其发明的商业价值缺乏推广能力和技巧，所以很多伟大的发明在开始时常遭遇失败。

如此相似的发明在赛特的缝纫机失败后的40年里再也没有出现过。直到具有实际意义的链式线迹缝纫机于1830年被法国的蒂莫尼耶发明出来，并被带去巴黎工作。实验证实，用这种改造的机器进行军服生产可以替代10个人的工作，工人们对这一消息马上议论起来。有一天，蒂莫尼耶的工厂被一群贫穷无知的暴徒破坏了，无奈之余他离开了巴黎。

可是，他并没有因此而放弃，四年后，又有一台改进后的新机器被他带到了巴黎。这个可怜的人在暴徒又一次聚集的时候，不得已再一次离开了巴黎。随后，为了谋生，他带着自己的发明游历了法国的所有城镇，四处展示。最终在一个有钱人的资助下，一个制造新型缝纫机的工厂建立起来了。工厂在1848年法国革命爆发时，陷于前所未有的困境中，就连吃饭都成了大问题。1859年蒂莫尼耶逝世，传说他是死于绝望。

美国的发明家在当时也非常忙碌。缝纫机被沃尔特·亨特制作并出售出去。1834年出现的这种缝纫机，带有导纱针、眼子针，对双线连锁缝纫法进行应

伊莱亚斯·豪向人们展示他发明的缝纫机的功能。

用,亨特的缝纫机并没有得到大规模的推广使用。想要成功地制作出一台具有实用价值的缝纫机,并且得到人们的尊敬和仰慕一直都是伊莱亚斯·豪的伟大理想。

1891年,伊莱亚斯·豪(Elias Howe1819～1867)出生在马萨诸塞州的斯宾塞的一个磨坊主家,豪在6岁时被送入了首批英格兰建立的纺纱工厂,因此他的学习时间只是每年夏天的数个星期而已。可是豪依然没有放弃自己的理想。在16岁那年,他在洛厄尔最大的城市找到了一份工作,那是在棉花厂。棉花厂倒闭后,他在1837年又去了机械厂。在波士顿做机修工时,他结婚了。

豪绝对是个具有天分的发明家,这完全可以通过他在工作中不断提出的改进意见中看出来。1841年,他的脑海中慢慢形成了对缝纫机的定义。没多长时间,他来到了波士顿。为了试验,他以至于连晚上休息的时间都利用了,可见他对缝纫机的痴迷程度。制作一台模仿手工操作的机器,把针刺入布中,还可再拔出来,这是他一开始的想法,因此他在初期制作的是中间有孔两端带尖的针。这种思路在他进行了一年的实验后被迫放弃了,因为无法区分针脚。或许在针穿过去之后另一端可以用一根线来固定它,这样的想法有一天忽然跳入了豪的脑海。现代的双线连锁缝纫法就在他研究的基础上发展起来的。一台有曲线针、梭子等由豪的自制零部件组装的机器在1844年被制作成功了,它的工作也很正常。除了自制的梭子和针之外,这台机器还有对布料进行固定的装置,以及一套伺服系统。

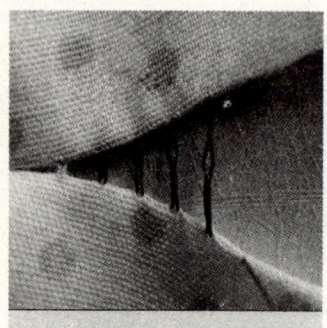

双线连锁缝纫法是在19世纪30年代出现的，这种缝纫法一直被后来的缝纫机沿用着。

为了把全部的精力都投入到研究新机器中去，让人们认识和了解它，豪辞去了机器厂的工作，他坚信自己一定可以取得成功。他首先用这台机器为自己制作了一件衣服，随后参加了一场比赛，对手是波士顿制衣厂5名最熟练的缝纫工。没有任何悬念，在5名工人的任务还没做到一半时，豪的5段布料已经缝制完成了。高兴的发明家并没有得到应有的祝贺，看到的只是一张张仇恨的脸。周围的人都低声说着一句话："有人要把我们穷人嘴里的面包拿走。"后面发生的事情使发明者感到害怕，人们要密谋把他的机器打碎，并且把他赶出这座城市。任何地方都不欢迎他，也没有人乐意雇用他，钱没了，工作也找不到了。他被迫去了别的城市，维持生活仅有展览机器的门票收入，这似乎和蒂莫尼耶的遭遇相似。那个时候的豪好像是被灾难缠上了，一场大火又把父亲的房子烧成了废墟。但是，他依然坚持着，为了家庭生活，他四处打零工。

豪的命运在和做煤炭生意的老校友沃尔特·费希尔相遇后获得了好转。缝纫机在费希尔看来是具有商业价值的，他愿意提供资金支持，他拿出了500美元，前提是专利利润的一半归他所有。豪在1844年12月搬到了费希尔的家里住，并对机器进行研究制作。1845年春，很多人来观看他的模型，并且给了很高的评价，但是没有一个人来买。走投无路的豪，不得已找了一份铁路上的工作，他的身体此时已经被疾病困扰了，并在不断加剧中。豪从不轻言放弃，他把模型给了弟弟并让他带去英格兰，看是否有人乐意买，并且把自己的全部积蓄都给了他。来到伦敦后的弟弟，

首台双线连锁式缝纫机的复制品，它是于1846年被伊莱亚斯·豪制作成功的。

和威廉姆·托马斯成功签署了协议，为了使用机器，托马斯同意支付250英镑，并且请弟弟带话给豪："我愿意每周出3英镑的工钱请豪来伦敦工作。"

豪为了这份工作，带着孩子和妻子来到了伦敦。可是豪在8个月后再次放弃了这份工作，因为托马斯这个雇主太苛刻了。在把孩子和妻子送回美国后，他已经身无分文了，他依然坚强地工作着，为自己的发明寻找新的赞助人。但是对于他的发明，没有人看好，在得到妻子病重的消息后，为了换取回家看望妻子的路费，他不得不典当了自己的模型。妻子在他回到家后已经处在弥留之际，不久离开了人世。在那个时候，他陷入了极度的痛苦中。

伊莱亚斯·豪的画像

令豪更加气愤的是，他的专利正在被不道德的人盗取，对于他制作的模型，居然有人正在使用或者出售。依然坚强的他，正苦于如何赎回在伦敦典当的模型机，但是他发现应当对盗取专利的人采取措施。他发现对盗版惩罚最为严厉的当属美国的联邦法院，经过艰难的诉讼过程，他打赢了这场官司。随后，一个盗用别人专利应当支付版税的法律条文被他看到了。于是，通过官司，不仅仅使他的缝纫机得到很好的宣传，他还拿到了很多版税和合同。较高的收入在极短的时间里扑面而来，他和合伙人在专利到期之前，仅版税一项收入就达到了200万美元。

豪的发明在1867年的巴黎展览会参加展示，荣获了一枚金牌，就连他本人也荣获了一枚古罗马军团勋章，他的工作依然继续着，尽管他当时的年收入是20万美元。他的病情在他超负荷工作下最终发生了恶化，这位发明家于1867年10月病逝在布鲁克林区的家中。

和现代的缝纫机相比，当时豪的机器虽说做得很好，可是依然显得笨拙和简陋。说到缝纫机的发展史，我们就不得不说一说1849年的艾伦·威尔逊。这个发明家一点也不了解豪的发明，可是制作出的机器却是十分相似，例如曲针，他的机器上同样具备，他的机器甚至性能要优于豪的发明。这个机器在被威尔逊拿去纽约的工厂维修时，被一个叫艾萨克·辛格的机修工告知，他会制作出

更好的缝纫机,在他看来,和曲针相比,直针会更好些。

辛格的实验研究开始于1850年,他用借来的40美元作为运作资本,买来了成千部在别人看来是废物并且被扔掉的机器。当时的人们对缝纫机存在很大的偏见,因为前人从来没有成功过,在他们看来,要想制作出可以工作的缝纫机,这种行为如同冒名顶替一样可耻。这是他开始遇到的第一个麻烦,他要勇于面对,在心理上承受起备受指责和失落的煎熬。可是,一个道理马上被他领悟到了:只有经历了前人所有的失败后,才可以发明出新的缝纫机,这无论是谁都无法改变的。

辛格不得不翻来覆去地把自己的工作讲解给人们听,使人们对于缝纫机的价值有所认识。为了证明自己的观点,他在门口展示出了自己的缝纫样本,希望通展示使人们相信他一定可以制作出缝纫机。除了经受人们的指责和数落,他还为自己的生计问题而奔波。在他的不断努力下人们慢慢认可了他的机器。终于有一天,人们看到了机器的真面目,每一次它的表现都令人满意。这个小技工在1850年时每天工钱才1.5美元,可是到1875年临终前,他已经拥有了1500万美元的资产,并且把自己的名字刻在了人们心中。

之后,成功制造出首台链形缝纫法缝纫机的詹姆斯·吉布斯,也是缝纫机的使用者们应当感谢的。我们一定要牢牢记住这些缝纫机发明的先驱者们,威尔逊、豪、辛格以及吉布斯,另外还有不断对此进行改进的人,他们获得专利大约有1000多项。现在所有的缝纫工作都是由机器完成的,从鞋底的缝纫线到周身上下精美的刺绣。不管是黑人居住的茅草搭成的非洲小屋,还是北冰洋的海滨,世界各地随处可见缝纫机的身影。

> 缝纫机发明后,人们的负担大大减轻了,它直接影响到了19世纪60年代后的服装生产。衣服的制作在缝纫机发明之后显得更为简单和精细。

第13章
潜水钟和潜水服

水下采珍珠——福勒斯和赛博的发明——皮诺的升降机和深水望远镜——潜水工作者做的巨大贡献

如今的衣服总是被人抱怨太贵了，可是我们应当庆幸还没有超过潜水服的价码。潜水员的衣服总重量大概有72千克，一双鞋子就有18千克，脖子附近的两块重物也有7千克。

珍珠在史前就已经被人们看做是贵重的宝物了，因此说，潜水这一行业在世界上有着非常古老的历史。可是对于这种水下宝物的获取，数千年来从来没有人得到过潜水服和潜水钟的帮助。哪怕是现在，水下18米深度的地方仍然是人们可以不借助任何人工设备，而是单靠一根绳子和一块大石头就可以到达

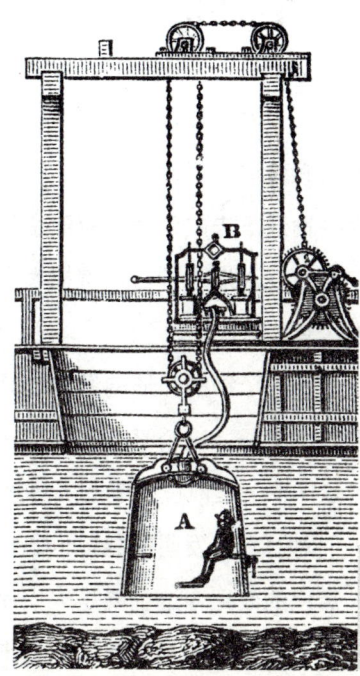

最古老的潜水钟里面没有空气供给装置。

公元前四世纪的亚历山大大帝亲自设计潜水钟，把人类送到海底。

的地方，甚至还可停留4分钟的时间。可是，很少有人可以连续从事很多年的潜水工作，毕竟这份工作太危险了。

一个怪异的老僧人罗杰·培根发明了首套潜水设备，这是人们的习惯性说法。可是有关下气罐和潜水钟的使用，第一个有确切记载的，是由两个希腊人在西班牙的托利多完成的，那是在查尔斯国王统治以前。它非常接近于现代的潜水钟，只是缺少空气供给装置。所以当空气变得污浊而无法呼吸时，潜水员就要通过求救信号立刻返回水面，所以他们在水下呆的时间不是很长。

在乔治统治英国的时候，哈雷博士发明了第一个潜水钟，通过它可以为水下的潜水员提供连续的空气。木质的外壳，上面有玻璃，下面有铅块，就是他的发明构造。潜水员呼吸的新鲜空气是通过大桶输送下去的，装有新鲜空气的大桶会不断地下降到潜水钟旁。潜水员要想使空气进入潜水钟，只需把大桶拉进潜水钟的底部，之后翻转过来让桶中空气进入潜水钟就可以了。

真正的使用了钟的外形的潜水钟是被约翰·莱斯布瑞制作出来的，距离哈雷的发明时间不长。这个潜水钟可以使两个人在水下连续工作半个小时，它里面的空气是在下沉之前被压缩进风箱里的。对潜水钟的改进工作是在18世纪开始的，人们对潜水服发明的尝试也是在那个时候开始的。当时的潜水服总是达不到人们满意的效果，这主要是人们使用的材料是皮革，橡皮还没有出现。还有就是气管子也不可能用皮革制作出来。可以利用泵来连续提供空气的潜水钟或许是斯米顿（Smeaton）发明的，他是 18 世纪最伟大的工程师。

相传，诺桑伯兰郡有座桥的桥基就是被斯米顿利用这种潜水钟修好的。一个和这个相似的潜水钟在他 9 年后建设拉姆斯盖特保护港时又被建造成功了，只是这次是个 2.5 吨铁制实心的家伙。它的空气是通过一个 6.3 厘米粗的软管输送进来的，另一端连接着一个泵，这真的可以说是现代的潜水钟了。

哈雷的潜水钟实验

潜水钟在 19 世纪被人们制作得越来越大，而且设计花样繁多。其中最大的当属重量为 80 多吨的潜水钟，它是用来修复北沃港防浪堤的。说它是个潜水钟，其实它更像是个沉箱，工人进入它的内部都要通过空气阻隔室。像这样的沉箱，在对伦敦滑铁卢大桥进行重建时就曾经使用过，当时是 1825 年，正在建一座桥梁。潜水钟是一种笨拙的发明，现在已经使用得很少了，大多都在使用潜水服，可是在一些特定的场合，特别是两三个人同时在水下工作时，仍然需要使用这种工具。

头盔是现代潜水服的主要组成部分，它的发明者是奥古斯塔斯·西贝，发明时间是 1829 年，它其实就是一个潜水钟的缩减版。头盔底部是张开的帆布护套，用于潜水者头部的进入，潜水者呼吸的空气是通过泵输送到头盔里的，护套的下面可以把呼出的空气释放出来。水就停留在潜水者嘴下几厘米远的地方，因此潜水者是不能够在水里弯腰的。这种危险在 10 年后发明了封闭式的潜水服后才得以解除。

潜水服是潜水员潜入水底时必须穿上的，而对于他穿着潜水服动作的描述一定是特别有意思的。

奥古斯塔斯·西贝发明了现代潜水服。

重型潜水钟头盔

自己的鞋子、帽子，以及外套肯定是要被脱掉的，之后就是把三双高质量的长袜一层层地穿好。但是对于穿在贴身部位用保暖羊毛做成的两条厚衬裤和两件白色紧身衫，我们有些摸不着头脑，他们不会感到很热吗？对于这一点，专家的说法是：不管水面温度的高低水底的温度总是特别低的。在整齐地系好紧身衣的扣子之后，就剩下进入潜水服了。

潜水服是一件脚手和身体都连为一体的奇特的服饰，它对于所有人无论胖瘦都特别合身，这倒是特别的一点。为了使手腕部分可以达到防水的效果，一块弹性橡皮被潜水者放置在双重特别鞣制过的斜纹织物之间，这样相同材料的袖口就可以相互吻合。为了顺利地使自己的手可以穿过袖子，还要在穿之前涂抹一些香皂在上面。

潜水服的领子和胸甲是通过它们的螺纹和孔相连接的，里面还有一层紧贴在潜水者的脖子上。还要把袖子安装到胸甲上面，使得潜水员的手臂有足够的活动空间。为了保证防水质量，它和服装上部的橡皮夹得很紧。悬挂铅制重物的绳索在头盔的两边，分别连接在胸前的黄铜突起物上面，有7千克重。超大尺码的靴子是用木头、铅和皮革做成的，这是在穿完胸甲后才穿上的。

和胸甲一样有着连接物的铜质头盔是整套装备中最为精细的部分，接下来穿的就是它。它和胸甲连接得很巧妙，要做到严密的防水只需旋转八分之一圈就可以了。黄铜架上有两个玻璃板制成的卵形窗口安装在头盔的两侧，这是方便光线的进入。为了使潜水员轻松地获得空气，头盔的前面也有一个可以自由旋转的玻璃板被安装在黄铜架上。进气阀就设在头盔的后面，空气在这里只会向里面走，不会返回或者泄露，可见连接得非常巧妙。头盔里要储存足够量的空气，这是为了预防泵或者气管发生意外时潜水员逃离水面用的。为了防止潜水员呼出的空气发生遇冷凝结的现象，潜水头盔的进气阀是透气的，这样可以对头盔前面的空气起到疏散作用，这是头盔的另一处精妙设计。

潜水服上管子的压力每平方厘米都要在 90 千克力以上，这是要经过严格测试的。对于那些由有名的公司制作的潜水设备，至今没有听到过发生什么意外。以前潜水员只能通过救生索把求救信号发送上去，可是最新的潜水服里都安装有电话，潜水员可以通过它和地面随时保持通信。

水下工作的最重要发明之一就是福勒斯先生在 1880 年发明的潜水服，穿上这种潜水服的潜水员，他的空气供应不再依赖于地面。为潜水员提供氧气的是他背后的坚固的铜质圆筒，氧气的进出都是通过一个螺旋阀控制的。还有另外的一个容器是盛放潜水员呼出的二氧化碳，它的里面装有过氧化纳（Na_2O_2），于是它们会反应生成新的氧气以供呼吸使用。潜水员穿上这种重量仅为 13 千克的潜水服后，可以在水下连续工作 2 个小时。这个发明比较有针对性，在那些空气管子或许会被木头或者别的东西缠绕住的危险地方，或者被水淹没的矿井中，潜水员的工作真的是非常需要它。

在大袋子中装入了一节别致的电池的设备是潜水员最新使用的，由德瑞格斯博士发明。在深水工作的潜水员，由于自身紧张发生昏迷或死亡的情况很多，这个设备就是用来应对这种情况的。水下工作的潜水员对于周围的事物是看不清的，尤其在水色特别深的北海，哪怕是在深度正常的情况下，对于周围的东西也看不到。在现代精良的潜水装备下，从水面船只上输送来的电力可以由潜水员随意支配。用蓄电池供电的电灯还可以用于封闭的情况下照明。

早期可用于封闭照明的潜水灯

一个对水下工作将会起到很大帮助的新专利在 1924 年初被里昂那多·古列尔莫蒂申请，他是一名意大利的发明家。水下工作者可以通过这个发明看到水上面的物体。用教授自己的话说，正是在 1916 年海战频繁的时候，他想到了这个发明。对于潜水员潜入水下后的那种无助感，他有了体会。潜水艇中的乘员假如可以看到水面情况，会使其产生很好的战略优势。我们不可能阻止光的反射作用，于是一种可以使水下人员看到水上光束，以及水下的所有情况也可以被水上的飞机看清的方法最终被他发明出来了。利用水轴把可见光发射出来，从而使得经过光束的物体被照亮的新发明终于在古列尔莫蒂的研究下获得了成功，深度在 15 米的时候，以及距离在 270 米远的时候，物体都可以被看清楚。

　　发明了深水望远镜的意大利人卡瓦列瑞·皮诺，同样非常出名。在威尼斯出生的皮诺，很小的时候就成了孤儿，他在少年时期就酷爱发明，并且把大量的空闲时间都投入其中。他后来远离家乡去热那亚的皇家面包厂打工，在亲戚们的眼睛里，他根本就是一个疯子。在一天中午休息时，正在写写画画的皮诺被经理看到了，当被问到这是在干什么时，他把自己设计新型潜艇的想法告诉了经理。结果皮诺在次日就被好心肠的经理送到了一个工程师的公司里。为了让皮诺安心设计潜艇，他还为皮诺预交了钱。

　　皮诺完成新型潜艇的设计工作是在他 24 岁那年，可是他对于自己设计的呼吸系统有些担心。他叫人制作了一个金属箱子，把密封做好后，他自己钻了进去，然后叫朋友把他和箱子一同沉到了热那亚的水底，这完全是为了对其呼吸系统进行试验。朋友们在岸上等待着，一旦发现他的求救信号，就向上拉箱子。可是皮诺在经过了几分钟后依然没有发信号。之后，箱子还是被性急的朋友拉了上来。皮诺居然在里面活得很好。"你们为什么不等我的求救信号就拉上来了，我的享受才刚刚开始，就被你们拉上来了？"出来后的皮诺有些生气地说。传说，利用皮诺的潜水艇，人们可以下潜的深度是利用潜水服的两倍，大概是 150 米。

　　为了使安装在甲板上的显示器可以看到水下的情形，皮诺在自己深水望远镜的长筒上安装了很多的镜头。一种可以轻松打捞沉入水底物体的升降机也被皮诺设计出来。这个发明的使用价值特别巨大,因为根据人们的计算,把所有海洋包括在内,每个月的沉船都有5万吨。

在第一次世界大战后出现了大批沉没船只的背景下,世界各地的潜水事业得到了高速发展。任何一个潜水员的工资都是相当可观的,除了正常的工资,还有打捞物品的佣金。只有身体素质好,胆量大,心脏健康并且从小练习潜水的人才可以当一名好的潜水员。

第一艘沉没的核潜艇——美国"长尾鲨"号。

潜水员的工作不单单是打捞沉船,还包括对海下海绵和珍珠的采集工作。现在潜水员采集珍珠的深度都要在18~33米之间,这是因为在浅海中的珍珠早已被采集光了。在12~15米深的水下,潜水员有两个小时的安全停留时间,在30米深的水下时,20分钟就是其最长的停留时间。潜水员可能因为空气在高压下进入心脏而发生死亡现象。假如在水深45米的地方,潜水员在停留了20分钟后,为了避免瘫痪或者死亡,整个的上升过程大概会持续20分钟,速度非常缓慢。

使潜水员在水下长时间工作的不只是皮诺的潜水艇,还有一种令人十分难忘的新式装备——城堡塔。在水深150米或者更深的地方,潜水员在城堡塔的保护下可以安然无恙,他的

1935年,两名身穿深水潜水服的潜水员准备下水,探索"路西塔尼亚"残骸。

升降是通过起重机完成的。

  建造防浪堤、海港、大的码头，以及对它们的修复工作，都离不开潜水员。对温彻斯特大教堂的救援工作，就是利用潜水服完成的最出色的工作。温彻斯特大教堂在 8 个世纪前建造，建造时东面的地基是放置在泥土上的树干组成的。人们发现整个建筑物在巨大压力的作用下正在慢慢下沉，而要阻止它的下沉就是把教堂的地基用水泥柱替代。那时，潜水员威廉·沃克一个人完成了所有这些水下的工作。他在教堂下面挖洞，一挖就是四年。由于水中混入了大量的泥煤，所以一片漆黑，电灯都起不到什么作用。

第14章
摄 影

太阳摄影机和它的发明者约瑟夫·尼普斯——一个意外帮助了达盖尔——碘化银纸照相法与其发明者福克斯·塔尔博特——摄影的科学价值

夏天,假如没有东西来遮挡阳光,我们暴露在外的皮肤就会变黑,这是很久以前人们就已经了解到的。阳光的漂白作用后来同样被人们发现了,并且在对早期的纺织物进行漂白方面得到了应用。阳光的力量表现在:世界在春天和夏天里会被它披上一层绿色,树木的叶子,小麦,小草等,这些是人们在早期就已经认识到的现象,可是,对于阳光在化合物上作用的认识,是在中世纪的魔力被现代化学知识代替后。其中不免有些怪异的现象,如在黑暗中混合到一起的等量氢气和氯气,两者会很平静,可是一旦有阳光接触到盛

欧洲的绘画,包括静物画、风景画、肖像画以及幻想出的地狱画等,在14世纪至18世纪的500年时间里,它们最高要求始终是"忠于自然",它们的依据都是视觉经验的世界,"忠于自然"甚至都作为了艺评评画的主要标准。

放这种气体的玻璃瓶,马上就会爆炸,玻璃瓶都会被炸碎。对于不同种类的银化合物,阳光的作用同样特别强大,这就好比氯化银在潮湿黑暗的环境中显示的是白色,在阳光照射的情况下,它会变成紫色随后转变成黑色。

对于硝酸银的使用,托马斯·韦奇伍德和戴维爵士在1801年就开始了,他们是用来对物体的影像进行复制,底板是吸收了硝酸银的白纸。但我们还不能称之为摄影,因为他们复制的映像不稳定。可是戴维总结说道:"这种工艺还是具备使用价值的,前提是找到一种方法使得没有投影的部分在受到阳光照射时不会产生变色。"可见,对于这种方法或者中介,戴维还是有了一定认识。

法国的达盖尔被很多人认为是摄影的发明人。和现代照片机器相似的设备是达盖尔首次制作成功的,但是可以长久保存的光照照片的制作,他并非是第一个人,在法国中部塞纳河边的一个小镇上,生活着对科学极富想象能力的尼斯的两个兄弟,他们是这一发明的主人公。兄弟俩来进行试验的时间非常宽裕,因为哥哥经营着一家效益很好的农庄。法国的学会曾就兄弟俩制造的蒸汽动力的机车模型进行了报道,那是1806年的事情。

也就是在那个时期,法国把新发明的平板印刷技术引入了国内。1796年,塞纳菲尔德发明的平板印刷术,是在石板印刷术的基础上发展而来的,他对其申请专利是在1800年。这种技术以一种非常快的速度传播着,它被用作很多高质量照片的印刷。人们疯狂地寻找着生产这种高质量石灰石的采石场,其中包括约瑟夫·尼斯。一些原本被他认为可以用的石头后来发现根本不能用,最后只能丢掉。之后,他开始试验石头的代替品,那就是磨光的钢铁片。要发明出一种比塞纳菲尔德更加先进的印刷术的想法来自一次偶然的机会,当时正在小车间忙碌工作的他,脸型刚好被射进来的太阳光反射到了弯曲的光面上,假如印刷仅是依靠太阳

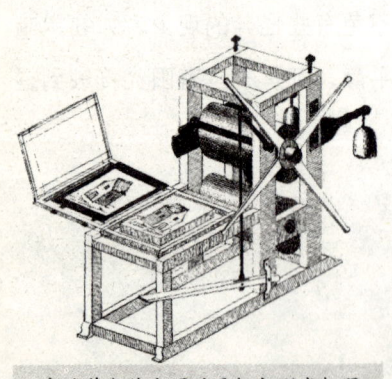

塞纳菲尔德发明的平板印刷术机器。

光来实现那就太好了。

在那个时候，对于韦奇伍德和戴维的实验，约瑟夫根本就不知道，对于将要面临的诸多困难，当然也不会知道。也就是从那一刻起，他脑子里除了实验再没有别的，所有心思都用在实验上，他的新化合物会不会在明天的阳光下发生反应，这是他唯一关心的问题。时间不长，一种被用在艺术上的朱迪亚沥青被他发现了，这种形同树脂的黑色物质，遇到阳光的照射会变成白色。另外，阳光下的银制品会变成黑色。约瑟夫高超的复制雕刻法就是对这两种现象的综合。印刷版的背面先被他涂漆变得透明，之后被放到涂抹了沥青的金属片上。光线会被图片的黑色部分遮挡住，而在光亮的部分通过，这个规律同样适用于沥青。一种可以把暗和亮的本来位置保留下来的完美复制方法被他发现了。图片可以被混合了金属片的薰衣草香精"固定"住的现象也被他发现了，这就是人类历史上首张阳光照片。

通过了这次复制实验，针对固定图片的问题约瑟夫仍旧坚持研究，这样一直坚持了十年。把沥青扩散到铜板上，然后镀银仍然是他的主要方法。可是沥青固定图片的时间要十个小时才可以完成，这样云层和太阳移动等都会影响到图像的固定，实行起来有些不现实。最终，一张真正照片《太阳摄影》经过约瑟夫的刻苦努力，历经千难万险制作成功了，这幅作品真的令人惊叹。

就在这个时期，从事类似研究的还有巴黎的路易·达盖尔，这是约瑟夫不了解的。身为风景画家的达盖尔因为透明画的发明而被人们知晓。他想到把图画固定下来是出于表现光线和阴影的效果。

一个乡村农场主成功解决了定影问题，这一消息在1827年传入了达盖尔的耳朵里，他马上

1839年发明了达盖尔摄影术又称作是银版摄影术的路易·雅克·芒戴·达盖尔

银版摄影术

人们公认的照相起源是达盖尔的银版照相法。原理是让一层感光膜形成于被研磨过的银版表面曝光30分钟后，阳图就会显现出来，这是利用汞升华的原理。

动身去拜访约瑟夫。起初特别紧张的约瑟夫一会儿就回复了平静，两个人最后决定一起发展定影事业。对于约瑟夫使用的沥青，达盖尔找了一种替代品，那就是通过对薰衣草香精进行蒸馏而得到的树脂物质。他为了加快图片的定影，不再用树脂冲洗金属板，而是把图片暴露在蒸汽里，使其受到蒸汽作用。可是这依然需要7个小时的时间。

之后，两位聪明的发明家在一次偶然事件中得到了启示。为了加速曝光，把曝光盘放到碘和硫磺的火苗上的方法，是在遇到达盖尔之前，约瑟夫就曾实验过的办法。一次，在一个被碘化过的银盘子上，有个勺子无意中留下了一个印记。发明家根据这一现象，马上把树脂换成了碘，现在沿用的一直是这种方法。有关感光敏锐的碘银混合物的发现，标志着他们在完美图片的制作上再次迈出了一大步。这一方法的运用，在曝光时间上，室外由7小时缩短为了3分钟，室内则是半小时就可以完成。

约瑟夫在1833年离开了人世，当时他63岁。发明占用了他的所有钱财以及全部的精力，可是，他并没有看到真正的成功，因此没有多少人了解这个一生贫穷的人。在当代生活的我们，可以给这位辛苦工作了一辈子的发明家也只能是"世界上第一个摄影师"的称号。

这个时候，进行这个发明的只剩下了达盖尔。他只是加快了图片的曝光速度，可是还是没有好的办法来提升图片的质量，它依然模糊不清。他仍是在一次偶然中得到了灵感。一张被曝过光的银碘片，被达盖尔无意间放入了碗柜，没想到经历了整整一个晚上后,图片上的像已经生成了。另外一种曝光的图片又被他放入了碗柜,图像依然在第二天生成了。达盖尔十分不理解这种现象产生的原因和过程。通过细心的观察,他分析出导致出现这一结果的根源:就是碗橱里放着的两种化学物质中的一种放出的蒸气造成的。最终,他找到根源是一盘水银。于是,一种新的曝光方法被达盖尔掌握了,在黑暗的环境下,使曝光盘面向下放到一盘正被加热的水银上,然后把盘子放入硫代硫酸钠中漂洗,图像就被固定下来了。其实,这就是人们所熟知的"海波"。

达盖尔的风箱照相机

为了发展自己的新技术,达盖尔想要成立一个新的公司,但是失败了。新发明的推广和使用仍然受到光照照片的制作成品偏高、曝光时间长等因素的困扰。可是对于他所作出的贡献,他的祖国给予了肯定,每年拨给他的养老金就有6000法郎。

制作照片的方法被电报机的发明者塞缪尔·莫尔斯直接在达盖尔那里学到了,这是件很有意思的事情。莫尔斯在1840年回到纽约后,把世界上第一张照片制作成功了。

当时的福克斯·塔尔博特与威廉·亨利正在为自己的研究在伦敦不停地忙碌着。在达盖尔尚未发表其实验成果前的半年,一篇名叫《拍照画

机械照相机的发明,标志着科技水平的进一步提高。

法的新技术》论文由塔尔博特在皇家学会宣读,那是在1839年。其制作方法是:在盐水里把一张书写纸浸透,然后烘干;之后再在硝酸银溶液里浸泡它,于是就会有部分的氯化物出现,它们是经硝酸盐转化来的。纸张经过这样的处理感光度会大大提高,因此,在这张纸上面放上一片树叶,之后用两块玻璃板压好,暴露在阳光下,这样除了树叶的轮廓地方,别的地方都会变成黑色。如今摄影行业中仍在应用的"底片"和"正片"这样的专业术语,就是由塔尔博特发明的。

"碘化银纸照相法"的工艺在两年后又被塔尔博特做了进一步的改进。经过一张底片而印出很多张照片的方法就是塔尔博特发明的,这是非常肯定的。他的方法是把底片的底色利用打蜡处理成透明的,然后把它和一张感光纸放到一起,之后的处理方法和处理底片是一样的,结果一张正片就出现在我们面前了。

玻璃盘在1847年开始被广泛地应用。在一个玻璃盘上涂抹一层蛋白质,然后,把食盐、溴化钾、碘化钾加入其中,一种全新的定影方法被德圣维克托发现了,他是约瑟夫·尼斯的侄子。这种定影方法是:为了使玻璃对光的敏感度上升,首先要将玻璃在硝酸银溶液中浸泡一下,然后拿去曝光,最后显影时用没食子酸来定形。

一种在硝酸和硫酸中融入火棉,之后再溶解入乙烯中制成的溶液——火棉胶,是在1851年被弗雷德里克·斯科特·阿尔切尔引入了定影领域。玻璃片经过这种物质的涂抹就会变成透明物质。直到明胶干板被发明,人们一直广泛使用的都是这种被称作是"湿板"摄影法。对于摄影方面的

乔治·伊士曼生于1854年,1932年去世,美国人,著名的发明家,曾经创办了柯达公司。这位摄影之父在一个多世纪之前发出的著名口号:"你只负责按一下快门,剩下的事情交给我们。"至今依然是人们熟知的经典广告语。

新发明和新进展几乎每年都有，我们后面的章节中将要讲到的光学玻璃的发明和少数为数不多的几种透镜。

全世界的摄影普及推广是在著名的胶片照相机"柯达"被美国人乔治·伊士曼发明以后。当伊士曼于1921年在皇家学会上的讲话完成后，G·H·罗德曼博士，就是当时学会的会长，曾作出了这样的评价："玻璃在1885年被胶片替代，重量大幅下降了。摄影技术的发展凭借在柱子上缠绕的赛璐珞明胶胶片的出现而上了一个台阶，在相机里安装胶卷，从此可以不再需要暗房，那是在1903的事情了。伊士曼公司的产品使得人们对摄影技术产生了浓厚的兴趣。自然色彩可以轻松地被人们表现出来，这要感谢佩吉特、托马斯、迪费超人的摄影技术，另外还有奥托克姆在1907年发明的着色工艺。对于那些在彩色摄影表现方面做出贡献的人们，我们将会永远铭记在心，就像是艾夫斯、桑格·施德普，还有李普曼等。在座的诸位或许没有我提到的人那样出色，可是说到提高和改进摄影技术，我们同样有机会。在1851年到1870年这段火棉胶版被普遍应用的时期，摄影技术到底还需要怎么改进，人们有必要认真地思考。现场敏感性为什么会被那种胶版具有，可是这种性能会在离开照相机后就发生变化。因此定影和显影等必须在离暗房较近的地方才可以进行，也就是摄影者距离暗房不可以太远。可是带着一个暗房帐篷去四处游玩，以便随时处理曝光的盘似乎也不大可行。但是巨大的变化使这些都成为了可能，我们有必要认清这一点。对于以前和现在，我们可以作一番认真的比较：60年前的风景摄影师们，他们出外游玩时，冲洗照片的帐篷和溶液是其必不可少的物品，那行动起来可是不容易，假如有个助手在

暗箱式的柯达相机

旁边的话，那么他充当的角色不过是个苦力而已！如今，远在南极拍摄的照片竟然可以拿到英国去冲洗，新式的微型照相机使用起来非常方便，胶卷的安装和拆卸特别自如。我实在找不到一种更好的解释了，可靠记时和瞬时快门，精度较高的英国产对焦库克镜头，对图像具有自动记录功能，不必在暗房中就可以更换胶卷和冲洗照片，这些都是现代的柯达相机完全具备的新功能。这种仅有 12 盎司重量的照相机拍摄的作品效果很好，这必然推动摄影技术的发展"。

摄影成为人们的业余爱好，那是后来的事情了，此前不过是对肖像真实记录的一种手段而已。对于天文学家以及科学家来说，摄影的作用是非常巨大的。为了对充满神秘的宇宙了解得更加清晰，我们可以把望远镜和摄影结合为一体，从而把天体中最为壮丽的图片拍摄下来，能够做到这一点的仅有照相机而已。照相机是精准的，有些人眼看不到的它都可以起到记录作用，这就是它要比人眼优越的地方。我们原来的猜想，星星的数目至少是目前已知的两倍多，如今已经得到了证明。照相机的监控工作是永远都不会停止的，它对于地球上的卫星、太阳的炙热，以及月亮的形状等，都可用照片记录。

第15章 现代印刷

新的时代是怎样被蒸汽机开辟出来的——铅板和模具——活字印刷机

现代印刷术是在15世纪发明的,历经数百年的发展,它好像一直都保持着原来的样子。活字是手工摆放的,上墨是用里面填满了羊毛的圆球,最后才可以实行平板印刷。用直径30厘米的圆球来为活字上墨,往往是学徒工干的事情。为活字上墨时,两个圆球同时被使用着,首先轻拍一下两个圆球,之后在活字版上滚动就可以了。学徒工必须经过多次的练习才能够很好地完成这一项缓慢繁琐的工作。由于做这项工作的男孩经常弄得自己满身是墨,所以他们被称作是印刷工中的"魔(墨)鬼"。

现代印刷之门被打开的标志,是把圆球替换成了滚筒。把一层胶水和蜜糖覆盖在一个圆柱筒上,如此就会特别柔软、弹性十足,并且特别容易吸墨,这就是滚筒。同时进行了改进的还有印刷机,如同旧式的压酪机,首台印刷机的材料也是木头的,上面带有螺丝钉。木制印刷机被铁制的替代是在18世纪。上面安装了压杆的首台铁制印刷机,是斯坦诺普伯爵于1798年发明的。新机器的印刷质量要比旧式的好很多,因为它的滚筒压力要比旧式的大。250份是手工印刷机被熟练工人操作一小时可以印刷的最大数量,这根本就无法满足报纸或者

> 形式多样的印刷机，它们是印刷机的不断完善以及印刷技术不断创新的重要标志。

杂志的需求，无论其销量如何。可是印刷终将被机器所取代，因为当时很多的机器都在开始使用蒸汽机。

尼克尔森的首次尝试是在 1790 年，同时轮转印刷机的专利被他申请了，可是这样的机器却一直没有被制造出来。同样是采用轮转原理的印刷机专利，在 23 年后，即 1813 年又被培根和当肯申请成功了，他们仍旧是以失败而告终。接下来进行这方面发明的是考伯，可以弯曲的铁制活字就是他发明的。在考伯看来，他是从事现代印刷的第一人，其实，弗雷德里克·科尼格要比他早很多，有台蒸汽驱动的印刷机曾在 1814 年被他制作成功，那是为《泰晤士报纸》的老板沃尔特先生制作的。

1802 年，撒克逊人科尼格首台改进形印刷机设计成功了，移动式的车架、墨水滚筒，以及印刷品可以被平面取走的新方法都是他在这个机器里应用的新技术。在意识到自己的新发明不受德国人重视之后，他去了英国，一个海岸沿线的城市。他参加工作靠了理查德·泰勒的帮助，经过泰勒的介绍，他认识了舰队街布特法院的托马斯·本斯里，他也是一名出色的印刷工。科尼格获得实验改造机器的机会是在1807年，他和本斯里成了合作伙伴。为了制作和完善样机，他用了整整三年的时间。可是针对沃尔特老板的首次展示，并没有使老板下定决心购买这样的印刷机。

科尼格又和另外两个著名的印刷工人在1812年成功制造出首台印刷机，当时印刷《年鉴》的速度可达每小时800份。旧式的平板滚筒依然被这台印刷机使用着，然而科尼格忽然想到了可以替代它的圆柱形滚筒。《泰晤士报》的沃尔特先生和《早间新闻》的佩里先生依然是科尼格的拜访对象。对这个新的印刷机，佩里根本没有任何兴趣，看都不愿意看；可是沃尔特先生却一改五年前的决定，不但看了机器，并且当场就购买了两台这样的机器。

由于科尼格的新发明将会使得很多印刷工人因此失业，所以工人们发誓要对这个外国的发明家实施打击报复。对有关机器的零部件，科尼格是在白十字街的一个工厂准备好的，向泰晤士报的印刷厂运送的过程也特别隐蔽。但是这依然无法阻止骚乱，印刷工人一听说安装好了新机器，全体开始罢工。1814年11月28日晚上，工人们被通知到车间集合，说是有重要的消息要向大家宣布。沃尔特先生在第二天早上走入了车间，沉稳地说道："泰晤士报从此进入了蒸汽时代。"随后他又接着说："假如有人胆敢生事，外面正有警察在等待着，可是如果人们可以克制，那么工资照旧。"

在被蒸汽机印刷的第一份报纸上，有关它的故事被这样报道着："大家看到的就是最好的证明，它是对于印刷术的最大改进，成千上万的泰晤士报都是被它印刷出来的。印刷工人沉重的劳动被一个有机结合在一起的设计和装置替代了，它的工作效率是远远大于人类的。人们贡献的大小，通过这项发明比较公正地显示出结果，公众们有权知道，

1851年伦敦世博会上，阿尔伯特亲王参观《伦敦新闻》的印刷。

早期的印刷工作效率很低，耗费的人力较大，根本无法满足人们的需要。

工人们在印版排列好字母以及封装好之后，就没什么可做的了，观察和侍奉机器就成了唯一的工作。"

从这以后，有关印版的放置，上墨水，调整纸张和印版对应好，同时把印刷好的报纸传递给工人，然后再次拉出印版为其上墨等，所有这些都成了机器自己能完成的工作，只需不断为它加进纸就可以了。完成所有这些动作，速度可达每小时100份。并非是偶然才出现的这种机械，这是机械整合的结果。当这种构思在发明家的头脑里出现的时候，一定伴随有特别多的困难和阻力，但是一旦问世，人们就很容易地接受了它。

我们并没有讲太多有关这种机器发明者的故事。在为这些发明者树立豪华的纪念碑时，克里斯多佛·雷恩先生曾这样说过：前面的一些陈述固然是对这些机器的发明者最好的奖赏了，可那只是大致地把其发明的影响和作用说了一下。下面的这些我们有必要强调一下，他的名字叫科尼格，撒克逊人。对于这项事业，他的朋友和老乡鲍尔仍在继续着。

科尼格后来回到了德国，在那里创办了一家印刷机制造厂，欧洲很多国家的印刷机都是由他制造的。他仅仅活到了58岁，这完全是由于早年艰苦的发明创造引起的。科尼格和鲍尔公司就是由他创办的，有关杂志的印刷仍然是他们主要的工作，公司业务非常繁忙。公司的工作速度在旋转和柱面印刷机被引入之后，又提高了4~5倍。

当科尼格正忙于对蒸汽印刷机进行研究的时候，之前说过的英国人考伯正在对印刷墙纸的机器进行研究。一英镑的纸币都可以被他的新机器印刷出来，他成功了。英格兰随后发行了400多万双色印刷的纸币。在科尼格的发明基础上，考伯和阿布雷特共同对其进行了改进工作。印刷速度可达4000～5000页每小时的4滚筒机被他们研制成功了。随后，他们在1848年又制造出使速度达10000页每小时的8滚筒印刷机。现代印刷机的印刷速度可以达到20万份每小时，并且质量要好很多，而且都整齐地折叠在一起，这里对此进行比较，只是为了让大家能够有更加清晰的认识。

使印刷速度达到这样的程度，这要首先归功于铅板印刷的发明。铅板印刷的办法，是在1730年由爱丁堡的金匠盖德发明的。在活字上浇上液体灰泥，等灰泥变为固体，美妙的模型就制作成功了。把融化的金属倒入模型，产生的复制品图版和活字是相同的。用这种方法印刷《祈祷》和《圣经》的权利被盖德获得了，原本希望挣取到大钱的他，没想到激起了工人的愤怒，这些人摧毁了他的工厂。失败后的盖德终因贫困而死。

在法国、苏格兰、德国和美国，当时有着一项新的发明，它居然躲过了暴政的摧毁，而且对人类的影响颇大。意大利的德纳根那（Dellagana）是现代印刷术的发明者，模具和模型可以用纸浆来制作就是被他发现的。就在泰晤士报第一次使用蒸汽机印刷报纸时（也是第一次使用现代的铅板印刷），德纳根那找到了沃尔特。起初，印刷出的报纸总是有压痕存在，这都是因为铅字被立式分割造成的。可是，当一个模型被科尼格和鲍尔制作出来之后，这个问题就得到了解决。

对于印刷术的改进工作，人

活字印制的铅版

们一直都在继续着，新的改进和新的发明每年都会出现。有很多的印刷机器被陈列在一家报纸的机械展厅里，人们完全可以通过这些机械了解整个工业进程。

如今的报纸发行量是令人无法想象的，这都是不断改进印刷术以及人口的增长和教育的普及的结果。于是，新的问题又出现在报业老板的面前：实际需求已经无法被每小时2万至5万份的速度满足了，除非排版可以缩短时间。所以，比手工排版速度快的机器成了发明家们的研究对象。人们拿走了数百项的专利，可是没有人取得成功，直到整行铸造活字的技术被奥玛·梅根泰勒发明成功。我们无法对整排自动铸排机的工作原理进行很好的表述，可是一看就会明白，它的出现是人类智慧的升华。它的重量大概是一吨，从外观看是个实心紧凑的机械。众多的黄铜模具或者模型似的活字被放在上部的活字仓中，一个包含90个按键的打字机就放在它的下部。相应的黄铜模具会在键盘被敲击的同时放到相应的行里，空格是单词区分的重要标志。如同打字机似的，铃声会在每行结束时响起，旁边一个被煤气灯加热的小罐金属正等着排列成一排。大量的活字会被不断地送往黄铜模具中，在金属遇冷变硬的同时，这行黄铜版就会滑入一个平的长方形活字盘中待用，于是一行行的活字就这样被准备好了。即便是和最熟悉的工人相比，整排铸排机的速度也可以快上6倍。

其中把模具放回到机器上部的活字仓内相对应的位置，这样的功能是人力所不能为的，这同时是整排铸排机最为精密的地方。起初这种机器只是应用在报纸印刷方面，后来书籍以及其他的商业也开始对这一方法进行应用。

使用了225个键的莫诺自动铸排机是更为复杂和惊奇的机器，开始是美国俄亥俄州的特洛伊人兰斯顿发明的模型机。构成机器的几个主要部分是：如同打字机的键盘被打字员控制着把孔打到纸带上，自动铸造机接受到打孔后的纸带，活字版被铸造出来，铸造出的是单个的字母而不是整行的，这种机器可以制造出形式多样的活字。操作员一旦出错，或者是因为行短或者长了，整台机器就会被自动装置停止运作，所以莫诺铸排机又被称作是"十分安全"机器。

印刷书籍多用莫诺铸排机，印刷报纸多用整行铸排机。可以多次重复地熔化和利用铸造过的活字，是这两种机器的共同点。这样，工人就省去了一个个单独挑选字母并把其放回原位所用的时间，提高了工作效率。

工人的工作环境得到了改善，是活字机的使用带来的另外一个好处。活字摩擦产生的有毒物质对工人的危害极大，铅粉还会导致工人的铅中毒。这一状况在机器出现后彻底改变了，首先是铅粉没有了，再者铸造过程里使用了大量的油，摩擦氧化的现象被阻止了。除了这些，敲击键盘总要比在脏兮兮的箱子里拾取活字的工作好得多，这是令人高兴的。

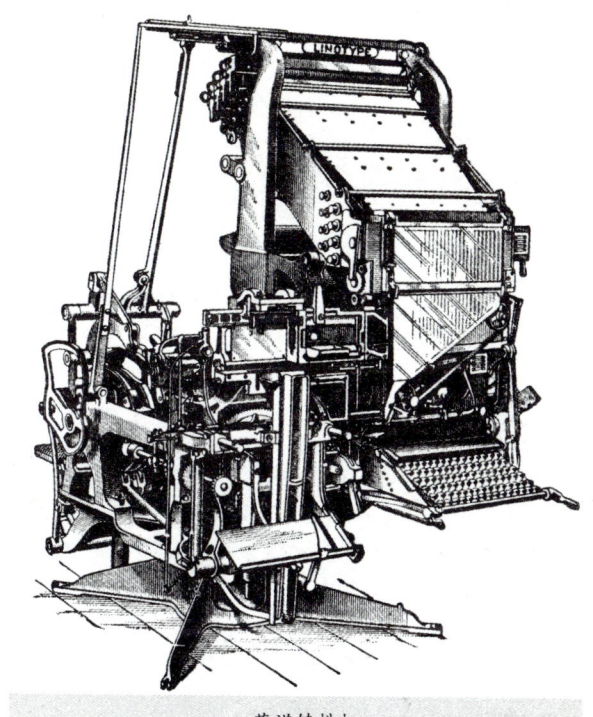

莫诺铸排机

第 16 章
电 话

话语通过电线传播——首部电话机和亚历山大·格雷厄姆·贝尔——和西联公司的争斗——穿越大陆的电话

突发的偶然性是早期发明时或多或少要伴随的,可是发明和商业需求在进入 19 世纪以后结合得越来越紧密。这并不是说发明者不再享有任何的机遇了,而是说对电的研究成为了当时的主流。所有的成果都要靠坚持不懈的努力和锲而不舍的奉献精神,而机遇在这里面只是占有很小的比例。

空气振动就可以产生声音,这是人们在很多年以前就已经了解到的事实。那么可不可以用通电的导线来传送这个空气震动产生的声音呢?对这个问题,发明家开始思索了。电话学应运而生。60 年前,有人通过让乐器产生的声波来敲击用火棉胶制作的薄膜这一现象来研究电话问题,这个人就是德国教师里斯。里斯制作仪器用的材料都

开始时的电话实验

是些身边可以找到的,因为他的生活很贫苦,根本买不起什么新的东西。德国的香肠皮拉伸后就做成了薄膜,一个被掏空了的大木桶就是声腔,接收器就是一块绷紧了的真丝布料,传声板是废旧的小提琴琴弓。通过这部电话机,并没有实现传送声音的目的,只是成功传送了音符。

同样的实验在这之后不长的时间被美国芝加哥的伊莱沙·格雷再次做了出来。大学毕业的格雷,他在上学时的学费和生活费都是自己做木匠挣来的。对电学的研究开始于他刚刚毕业的时候,他一生获得的专利有50多项,生活一直是很好。首次把变化稳定的电流应用在电话上的就是他,并且使远处的电磁石感应电流。

就在同一时间里,还有的一个人也在进行着同样的实验,这当然是格雷不清楚的事情。此人就是被誉为现代电话发明者的亚历山大·格雷厄姆·贝尔。两个人在1876年2月14号同时提出了电话专利申请。

贝尔在那个时候还是个29岁的年轻的小伙子。他出生在爱丁堡,接受教育却是在伦敦。他是少有的接受过专业训练的发明者,他的祖父、父亲、另外还

亚历山大·格雷厄姆·贝尔

一个叔叔和两个兄弟,全是大学里的雄辩术教师,有关这方面的培训,他也曾接受过。他获得雄辩术教师的职位是在16岁时。有两个人在他21岁时和他相遇了,就是这两个人影响了贝尔的一生。他们分别是亚历山大·J·埃利斯和电报的传奇人物查尔斯·惠斯登爵士。前者是一位声学家,就是他,把在电磁作用下音叉不断保持震动以及混合几种谐音叉的音调借以模仿人的声音等现象展示给了贝尔。制作一部可以传送音乐的电报机的想法马上跳入了贝尔的脑海。

贝尔的家族有肺病史,这种可怕的疾病

夺走了贝尔两个哥哥的性命。有一天他被医生告知应当换一个新的生活环境，于是，他来到了加拿大。在加拿大，他的工作是教授聋哑人说话，波士顿的一所聋哑人学校因为他出色的工作能力，特聘他去执教。在波士顿，他获得了很大的成功，他创办了一所学校，开始了稳定的生活。有一天，贝尔被托马斯·桑士先生邀请担当他聋哑儿子的家庭教师。身为科学家的桑德士把自己房子的一间地下室借给贝尔做工作室。贝尔研究电话机的伟大理想就是在这里开始的。在当时的他看来，人类的声音是可以通过电线传送的，这比用电线传送音符的想法更加进步。

贝尔通过研究，弄清楚了，鼓室后面的粗骨头对耳膜振动产生声音的传播途径，以及人类耳膜收听声音的途径，甚至声波都可以被画在涂满颜色的玻璃上。两个人工耳膜被他制作成功了，他把它们用电线连接了起来。电话机在他明确的设计思路下被制作成功了。

和许多的发明者没有什么分别，当你把更多的时间放到研究上的时候，这肯定会耽误其他工作的开展，贝尔也不例外。他发现学校的收入根本就无法支撑自己的生活了，那里居然只剩下两个人，实际情况逼迫他要先把研究放一放，把生计问题解决了，毕竟当时已经结婚了。感到没有任何希望的贝尔实在不知怎么办才好，带着这个问题，他拜访了当时美国最有名的电学专家约瑟夫·亨利。贝尔把自己的经历告诉了亨利教授，并且请教他是否还有继续研究的必要。

亨利教授说道："这太有必要了。"

贝尔解释说："可是对于一些必要的电学知识，我一窍不通呀！"

教授鼓励他说："这一定难不倒你，你一定可以掌握得很好，你所选择的科研道路一定是通向光明的大道。"

受到鼓励的贝尔，马上对电学知识展开了刻苦的学习。他在资金上得到了朋友们很大的帮助。在查尔斯·威廉斯那里，他租下一间房子，并且雇佣了一个小助手，他的名字叫做托马斯·华生。对于早就想到的震荡碟子，他在沃森的帮助下制作成功了。这些碟子被他们放到了工作室和别的房间里，之后用电

安东尼奥·梅乌奇发明的电话机

安东尼奥·梅乌奇,意大利人,后移民美国,他在1860年公开展示了自己发明的可以讲话的通话器。但是并没有因此而获得"电话发明者"的称号,这是因为他没有能力支付高昂的专利费用。

线把它们连接好。贝尔第一次听到来自电线另一端的声音是在1875年6月2日,那次的声音是偶然传到他的耳朵里的。他马上跑到电线另一端的房间里,并且大喊:"华生,接着压一次那个弹簧片。"随后又跑回去。又有声音传了过来,如同上次的结果。他再次跑过去,激动地说:"对任何东西都不要移动,你到底做了什么,让我好好看看。"华生开口说道:"输送器弹簧的电流断续器接点被我焊接好了,我只不过是对弹簧触动了一下而已。"贝尔在电线的另一端听到的声音就是被磁化后的弹簧振动发出来的。

这才是万里长征的第一步,更艰苦的工作还在后面。新的装置实现通话功能是在1876年3月。"过来帮我一下,华生。"这句话被在地下室工作的华生听到了,是电话另一端传来,这一刻真的令人激动不已,华生去三楼可以用飞奔来形容了,推开门的第一句话就是:"刚刚那句话被我听到了。"那场景,沃森一直都没有忘记。

百年展览于1877年在费城举行,这是一次绝好的机会,全世界一定会因此而深刻地了解贝尔的发明,这是所有支持贝尔的人一致的观点。为贝尔的电话在教育厅争取到展览机会的是加德纳·哈伯德先生,他是一名委员,同时也是贝尔的支持者。那个时候,贝尔并没有前往费城,而是待在波士顿,他要尝试着带几个聋哑学生，因为他已经身无分文了。在6个星期的展览中，贝尔的电话一直无人问津，它明显地没有受到人们的足够重视。绝望中，贝尔怀揣侥幸踏上了去费城的列车，因为他没有买票。自己的发明将在第二天接受委员会的检验，贝尔在听到哈伯德先生的信息后，显得有些坐立不安。

用扩音器进行试验的贝尔

委员会在极其炎热的天气里进行工作，他们仿佛只是例行公事，应付而已。在对电话检查的时间里，他们并没有按时到达，而是令焦急的贝尔等到了7点钟。电话机的听筒被一个委员拿起又放了回去。贝尔的心情非常沉重，委员们好像走马灯似的一个个离开了。就在这个时候，一个头发花白，皮肤黝黑的高瘦老人走到了贝尔的近前，几个工作人员就跟在他的后面，他伸出右手并用略带有外国口音但是相当熟练的英语说道："很高兴再次见面，贝尔教授。""很高兴陛下还能记得我。"贝尔此时已经快要虚脱了，可是仍然支撑着。这就是几年前曾去过波士顿聋哑学校的佩德罗，他是巴西的国王。国王好奇地问道："这是你的发明吗？"就在贝尔解说的时候，很多人开始围拢过来。比尔用它经受过优良训练的声音为大家做了生动的讲解，这样的机会对一个展示发明的发明家来说是很难得的。国王对此产生了兴趣，他要亲自实验。送话筒被贝尔拿着，受话筒被国王慢慢移近了耳边。"上帝呀！他说话了！"在经历瞬间的寂静后，国王拍手说道。之后过来的还有曾经给予贝尔很大鼓励的约瑟夫·亨利，他在实验之后同样感到特别吃惊。很多在此经过的人都停留下了脚步，整个房间被人们挤满了，一直到关闭的时间还是如此。贝尔的发明在第二天被移到了中央展馆，它成为了所有人的焦点，并且委员会给他颁发了证书。这个非凡的发明被各大报纸争相用专版进行了报道，仅仅一周的时间，贝尔成了最受瞩目的人。

正是因为有了哈伯德这样的朋友，所以说贝尔是相当幸运的。假如贝尔

贝尔在华生的帮助下成功的进行了实验。

仅靠自己是无法对自己的发明进行推广的,因为和自己的科学才能相比,他的商业才能要相差很多。可是电话在商业奇才哈伯德的巧妙运作下推广的速度很快。美国电话的使用数量在1877年8月时已经有大约800部。一家名叫"贝尔电话合作"的公司被他们组建起来。他们在与西联公司洽谈的时候,遭到了西联董事长奥顿的傲慢拒绝。满怀信心的哈伯德仍旧努力着。西联很快就发现,好多人已经放弃了电报的使用而改用电话。"美国电话公司"是西联在爱迪生的帮助下创立起来的,"我们才是电话机的最早发明者"这一广告词被他们打了出来。

由于在人才和物力上的巨大优势,表面上大公司好像遥遥领先着。可是,贝尔和哈伯德的公司在关健时刻加入了一个叫西奥多·维尔的年轻人,这个人颇具商业才能。在与西联的强烈交锋中,他建立了国家电话系统。可是,在爱迪生对话机的听筒做了进一步的改进后,贝尔的电话似乎已经一文不值了,这使得原本在竞争中处在上峰的他们很快败下阵来。

贝尔的公司前途一片黑暗。贝尔的发明引起了英格兰的威廉·汤姆森爵士的极大兴趣,并且被他拿去展示给了英国的协会,可是这并没有任何的商业价值。不久贝尔就由于生病住进了医院。贝尔在病床上写信给公司说:为了发明他花光了身上所有的积蓄,可是至今没有收回一便士。一个叫弗朗西斯·布莱克的年轻人就在贝尔走投无路的时候找到了他,把一个和爱迪生相似的话筒拿给他看,并且提出要用公司的股份来交换条件。贝尔没有拒绝,新成立的公司再次与西联拉开了大战的帷幕。西联公司声称,他们把利沙·格雷的发明买断了,而这项专利要比贝尔的早很多。可是经过一年多的诉讼,贝尔的公司取得了胜利,因为格雷在申请专利时并不能确定自己的发明已经成功了,而是相信自己可以发明,可是贝尔则是对这项发明已经完全掌握了。贝尔的公司股票在诉讼胜利后升高了10倍,当时假如贝尔、沃森和别的股东把自己手里的公司股票卖掉,完全有能力度过幸福的一生。

贝尔的公司在1880年已经拥有电话机56000部,话机数量在两年后又翻了一番,年收入达到了100多万美元。法国政府就是在那年把古罗马十字勋章以及数量为5万法郎的伏特奖金颁发给了贝尔。电话机在美国的发展是个奇迹,人们一致认为,世界上最有价值的专利就是贝尔的专利。

可是,在英国,电话机的推广很不顺利。虽然贝尔的发明有威廉·汤姆森爵士和伯里斯先生的大力推广,可是英国人对于他们解说的重要性依然没有认识到,对于这种新型的发明不大乐意接受。联合电话公司是由他们成立的,他们在获得了贝尔的电磁式受话器和爱迪生的碳发送器专利许可后,在各大城市成立了交换局和办公室。然而,他们的用户总数在1889年才仅有50万,这仅为同时期美国的1/5。作为电信技术的电话事业应当被电信局管理的说法在1880年被斯蒂芬先生提了出来,电话公司必须缴纳收入的1/10,才可以获得邮政大臣颁发的营运执照。1891年,这1/10就相当于20万美元,这个数目在1898年变成是50万美元,执照到期是在1911年。英国的邮局从此垄断了电话经营,如同经营电报一样。

首条连接伦敦和巴黎的电话线是在1891年开通的,可是长达96千米连接多佛和奥斯坦德的电话线路,直到1903年才完成。工程完成后,相距320千米的伦敦和曼彻斯特,以及相距1530千米的芝加哥和纽约都可以相互通信了。

美国电话业务的发展速度在20世纪达到了惊人的程度。蛛网似的电报电话线路首次被美国电话电报公司的副总裁放入了地下管道,这样的方法也被英国效仿了,这样各大城市间的通信不再受到大风天气的影响了。不过这样的架空电线依然在乡村使用着。

连接纽约和旧金山这个穿越了美国大陆的线路在1915年铺设成功。这条全长 5470 千米的电话线路使用了 13 万根电线杆、将近 300 吨铜线。卡迪上校在 1921 年，把古巴的声音传送到了加利福尼亚海岸著名的钓鱼圣地卡特琳娜岛，连接大陆架和西印度群岛的是海底电缆。声音在经过了 8855 千米的传输后仍然特别清晰。

世界电话系统在受到无线电话竞争的同时，发展依然迅速，电话网络遍布每一个国家。而作为一种完美设备的电话机本身，它的发展方向是节约工作时间，而不是提高自己的使用时间。和人脑相接近的自动系统在很大程度上影响着这一点的发展。呼叫者的动作可以通过电话到达 100 多万个不同的中心。而完成这样一次动作，原来的系统需要 40 秒，自动系统被应用后仅为 15 秒，比原来缩短了 25 秒。

除非是呼叫者自己拨打错误，否则自动系统是不会出错的，这是自动系统和原来的系统相比的一个巨大的优点。所有呼叫操作都可以在自己的电话机上完成，被叫电话的铃声我们可以通过接收筒听到，嗡嗡声则代表着占线。电话呼叫的准确号码记录在了电话机上，这是最为绝妙的地方。自动系统虽说现在还没有覆盖所有的城市，可是这个趋势是必然的，自动装置最终将会成为每部电话的唯一选择。

第17章
汽车工业

最早蒸汽汽车的速度——汽车业在英国遭受破坏——戴姆勒的发明——大型的公路赛车——出现充气的轮胎

1769年,法国的尼古拉斯·库诺制造出的蒸汽动力客车是最早在公路上依靠自身动力行驶的汽车。每小时6.4千米是它的最高行驶速度,这个古怪的发明令人们感到特别吃惊,它搭载的锅炉是体型庞大的壶形状。这辆车后来被停用了,因为它撞到墙上之后,把热灰和开水散得到处都是。发明者也被投入了监狱。

英国人也开始了研制汽车的工作,比如瓦特、默多克,以及思明顿等。理查德·特拉威斯克在维维安的帮助下于1802年制造出一辆蒸汽汽车,它的速度可以达到每小时14.5千米。只可惜特拉威斯克汽车实用化进程被严重阻碍了,因为英国的道路条件很差。蒸汽汽车被很多人开始制作是在道路条件得到改善之后。

1833~1836年,汉考克的公共汽车一直运行在伦敦和布赖顿码头之间,时速是每

世界上第一辆正式运营的蒸汽公共汽车,是由英国的嘉内公爵在1827年制作成功的,它的行驶速度大概是每小时19千米,可搭载18名乘客。

好多人争相围观这种行驶在路上的蒸汽车,有谁会想得到,它在之后的某一天居然会成为我们出行的交通工具。

小时 19 千米,同时在格拉斯哥和佩斯之间还定期通行着斯科特的长途汽车。可是这种交通工具受到了马车老板和铁路公司的憎恨。最终,国会在他们的成功煽动下通过了红旗法案,蒸汽汽车的速度在这个法案的限制下不得高于每小时 6 千米,并且还有一个专人在前面拿着红旗开路。其实马车才是最不安全的交通方式,可是英国因为这个愚蠢的法案,从而和"首个用机动车代替马车的国家"称号失之交臂。

人们早已记不起和那些早期蒸汽汽车相关的速度和功率等参数了,除非是对这些作过记录和进行特殊研究的人。速度要比马车快很多,并且安全地爬上了最陡的山坡的蒸汽汽车是由古梅制作的,单次行驶路程可以达到 1280 米,速度在山路上是每小时 38 千米,在平地上是每小时 56 千米。安装了火管锅炉的蒸汽汽车是由萨姆斯和奥格于 1830 年制作出来的。在那个时候,人们争相乘坐那些自己喜爱的蒸汽汽车。国会根本无法找出这种车辆存在危险的证据,因为汉考克伦敦服务所的车辆在行驶了 6400 千米后从来没有出过什么事故和危险。可是一些愚蠢的家伙仍然通过了红旗法案,机动车的发展因为这一有失公正的法案倒退了很多年,英国从中也遭到很大损失。

蒸汽机的发明标志着人类从此开始进入了蒸汽机时代。用蒸汽机驱动车辆行走从此成为了人们研究的重点。世界首辆具有使用价值的蒸汽汽车是由法国人 1769 年制作出来的,这整整耗费了他 6 年的时间。这个汽车的样式特别奇特,车架是坚硬的木头,三个车轮是铁制的,有一人多高。一个梨形的大锅炉就被安装在车身的前端。前轮被活塞带动,而活塞又是被锅炉里简单的曲杆带动着。

自驱动车销声匿迹了40多年,几乎被人遗忘。之后,汽车在法国成了研究重点。一辆蒸汽汽车在1873年由曼斯的M·鲍利制造成功了,这辆车可以由曼斯开到巴黎。另外一辆汽车在五年后又被这位发明家设计成功,车的时速足有29千米,这位发明家从巴黎到维也纳的旅行,就是通过这辆车完成的。一辆机动三轮车在1884年被布通和戴迪安伯爵研制成功了。M·塞波莱在1885年又制作了另外一辆车,他安装的锅炉十分新颖。可是这些车都是蒸汽车,和汽油车相比,操控非常复杂,但是速度可以与汽油车的一致。

汽油车在人们的千呼万唤中总算出现了,首辆内燃机车是由戈特利布·戴姆勒于1887年3月4日制造成功的。和蒸汽机的机械原理相比较,内燃机的机械原理可能是人们比较熟悉的了,所以我们在这里就不再多说了。汽油驱动的汽车在世界上的增长速度很快,尤其是法国和德国。1894年,巴黎一家大报纸的编辑皮埃尔·吉法尔组织一次从巴黎到里昂的汽车大赛,他们还为大赛提供了精美的礼品。当时参加比赛的汽车有10辆,戴迪安的汽车以每小时19千米的速度赢得了第一名,可是车也报废了。莱瓦索尔先生在另外的一次从巴黎到波尔的大赛中赢得了冠军,一辆4马力的潘哈德汽车就是当时他的座驾。

虽说当时还没有出现变速箱和点火器,可是汽油车和蒸汽车有着相同的可靠性,这完全可以通过制作的车辆证明。点火器是奔驰车被生产出来之后才发明的,开始点燃混合气体使用的是灼热的白金管。

一家法国汽车俱乐部被戴迪安建立起来,这主要是看在1895年巴黎

> 发明家,德国的工程师,现代汽车工业的奠基者戴姆勒,四冲程的发动机就是他在1872年设计成功的。在妻子43岁生日的时候,这种机器被他安装在了一辆马车上,从而诞生了第一辆戴姆勒汽车。

到波尔的汽车大赛引起的轰动效应。一下子涌现出大量的汽车制造商,戴迪安的机动三轮车成了原先买不起汽车的人的首选。对于汽车提速过程的了解完全可以通过早期的汽车比赛中了解到。每小时19千米是1894年的冠军,到了第二年速度增至每小时24千米,1898年的冠军是每小时37千米,到1899年达到了每小时48千米。在1900年全程568千米的戈登·班尼特大赛上,冠军车辆的速度达到了平均每小时62千米,每小时79千米是1903年的平均速度。速度的增加还在继续,在1905年501千米的布雷西亚环绕大赛上,每小时104千米是最低的速度。

如今测试车辆,我们都有固定的线路,唯一一项在公开道路上进行的比赛也是对机动车的爬坡性能进行测试。几乎所有拥有平坦公路的国家在20年前都举办过有关汽车的比赛,报纸上时常出现艾值、法门、劳斯、德克福、查伦以及吉拉多特等人的名字,他们都是人们喜爱的车手。在那个时候,规模最大的一次比赛是巴黎至柏林的比赛,那是在1901年6月举办的。参赛国家的车辆都争当速度冠军,担任警戒任务的是数以万计的警察、军人。在1191.4千米的路程里,富尼埃驾驶的莫尔斯车以不到17小时的时间赢得了冠军,时速最快可以达到128.8千米,平均时速为70.84千米。

卡尔·本茨在戴姆勒制作出自己的汽车的时候,也制作出了一辆汽车。

福特汽车生产线,是世界上第一条汽车生产线。

美国第一次举办长岛的公路比赛是在 1900 年 4 月 14 日。参赛的 9 个人当中,驾驶蒸汽车的 3 人,驾驶汽油车的 5 人,另外一人驾驶的是电动汽车。驾驶电动汽车的 A·L·雷克以平均时速 40.25 千米赢得了冠军。就在四分之一世纪之前,当时电动车的数量是非常庞大的,认为汽油车终会被电动车取代的信念一直都存在于设计者的心里,这是件多么有意思的事情呀!可是它始终还是败给了汽油车,这主要是由于它巨大的蓄电池造成的,这就把其便于操作,清洁环保,噪声小的优点全部抹去了。

英国国内的压力不断被欧洲的机动车发展加大,红旗法案最终被废除了。同时一个新的法律被国会通过了,机动车行驶的速度可以提高到每小时 19 千米。人们组织了一场从伦敦到布赖顿码头的机动车游行,来庆祝红旗法案的废除。假如要对参赛的车辆作一个总体评价,那就是形状怪异,最后只有一半的车子到达了终点。这很正常,和欧洲大陆的设计师较长的时间积累相比,英国的造车工艺肯定会落后很多。可是,他们很快跑到了前面,令人敬佩的 C·S·劳斯驾驶着潘哈德的车在一条私有公路上开出了每小时 64 千米的好成绩。

在不到十年的时间,英国的汽车工业就追赶上了欧洲的汽车工业。两者在

1902年基本达到了平衡,不仅仅是高档车,别的车型同样可以生产出来。一辆英国产的纳皮尔车在1902年被S·F·艾值先生驾驶着,历经艰险最终赢得了戈登·班尼特的比赛冠军。

假如说在机动车发展方面,欧洲取得了特别大的成就,可是对于美国的发展我们该作何评价呢?世界上的机动车在1925年的统计结果是将近1600万辆。其中469490在英国,554874在加拿大,可是竟有1350万辆在美国!形式多样的机动车辆行驶在从俄勒冈的山区到佛罗里达的沙滩等整个美国大陆上。用奇迹来形容美国机动车的发展一点也不为过。在20世纪初期巨大的交通压力下,美国的很多路段都不堪重负,如今,美国高质量的公路可以经得起任何考验。由最西北的西雅图到最南端的坦帕,由纽约到旧金山,你能够驾驶汽车任意驰骋。

在汽车的大批量生产上做出过巨大贡献的是福特,他把性能可靠,价格低廉的汽车提供给了消费者。福特开始对机动车的研究是在1879年。对于这方面的新进展,他都十分关注,他的总结是:"所有的厂商都是没有做好准备就急于生产出产品来卖。"他的福特公司成立于1903年。仅此一点就注定了福特先生的成功基础,那就是福特的儿子爱德塞在1919年以每股12500美元的价格买下了本公司已经发行的全部股票,可是原始的价格仅为100美元。"T形"在1909年被福特做过多次试验后作为标准。他制作的车从此只有一种底盘,它们之间的零部件可以互换。汽车还被他涂成了黑色。他在那个时候是这样说的:"我制造的汽车要能够满足多数人的需要,为了便于保养和驾驶,它一定足够小;同时又为了能够把全家人都容纳进来,它又要足够大。它的制作材料是最好的,我的制作工人全是一流的,这最现代的工程要通过最简单的设计来完成。只要稍稍有工资收入的人就可以购买到它,带上家人一起在上帝赐予的美好空间里享受生活。"

和戈特利布·戴姆勒的相比较,汽车的发动机的原理没有区别,可是,这个原本性能一般的玩具车再经过了一系列改进,性能稳定了,只要有充足的汽油、

20世纪60年代的福特GT40,汽车发动机的性能伴随着汽车技术的不断发展迅速获得了提高。福特GT40搭载的发动机气缸容积是5.4L,每缸4个气门,双凸轮轴的V8引擎,它还是四驱动的。这款发动机的马力一定超过了500匹,这是福特说过的原话。

水,当然还有润滑油,它就可以安全行驶几千英里。把点火用的干电池和变压器线圈换成了磁发电机就是首个重大改进。用现代的汽化润滑系统代替了旧式的滴油润滑装置是第二个重大改进。旧式的机器汽油和空气的混合比例没有控制,根本就是个烧钱的机器,如今燃料节省了很多,这都是自动装置混合油气的结果。除了这些,得到改进的还有油料系统。现代的汽车都是自动化的供油系统,其中油箱就必须有个合适的高度。

　　汽车经历了40年的发展,在效率、动力、舒适度方面都得到了巨大的改进,这一点完全可以通过该公司现在生产的汽车和1900年生产的6马力的汽车作比较后得出来。前者是全封闭的,内饰豪华,座位较多,发动机功率较大;后者是在首辆汽车下线后的第三年,专为国王爱德华三世打造的。

　　现代汽车之所以有这样的速度,完全是在一些颠簸的道路上采取了减震措施。充气轮胎就是贝尔法斯特的J·B·邓洛普发明的。为了庆祝充气轮胎的到

邓洛普发明了充气轮胎,从此自行车和汽车都用上了他的发明。图为邓洛普骑上装有充气轮胎的自行车出行。

来,1909年11月,伦敦的塞西尔酒店举行了一次盛大的宴会。当时聚集了世界各地赶来的500位商界人士,一位花白胡须,年近古稀的老人端坐在地区主席弗朗西斯王子的右边,他就是邓洛普先生,他的讲话是:"两个最初被我研制出来的轮胎,就安装在我儿子的车上,原本是安装在后轮,可是它们的间距太小了,因此其中一个只能安装在前轮上。你们一定想象不出,如此笨重的两个东西居然使我的儿子赢得了和一群青年的比赛。这个研究真的很无趣,亲自购买橡皮,之后把它制作成我需要的样子。然后在一个沉重的木架子上安装好,之后在院子里来回推,这些都是为了测试,我多少次想放弃这项研究!"

邓洛普先生,于1888年7月申请了充气轮胎的专利,世界上的自行车当时有30万辆。这个数目在20年后猛增至300万辆,更不要说十万辆的汽车了。现代公路上机动车的蓬勃发展一定要感谢这个"膨胀的橡皮圈",这是起初人们对它的称呼。

第 18 章
留声机与电灯

爱迪生的发明——佩兴斯的奇遇——发明与发现的区别——出现留声机

广告词有很多种,其中"当你正对着一个邮箱时,一定会想到某个人的笔"与"当你正面对电灯时,首先会想到爱迪生"。两句话属于相同的风格。可是电灯在这位发明者出生以前的 25 年就已经出现了,因此它的发明者并非是爱迪生。戴维爵士才是真正的电灯发明者,他在 1810 年利用电弧原理制造出了真正的电灯。有关电灯的专利在 19 世纪上半期有很多个。杜博斯克在 1858 年就曾设计出电灯,当时在肯特南部突出地的灯塔上悬挂的灯就是由他设计的,那时的爱迪生才 11 岁。

可是爱迪生的名字为什么会和电灯出现在一起呢?你一定会有这样的疑问,我将会通过这一章的讲述使你弄清楚是怎么回事。

戴维开始发明的是弧光灯。如今是用两个碳棒中间加一个强力电池制成的弧光灯。碳棒的自由端之间的缝隙很小,明亮的电弧光就是电流通过这个缝隙发出来的。大空间的照明通常使用这种明亮的光。这种灯会间歇性地打火,上面时常掉下一些烧焦的小片碳,用在室内就会显得亮度太高了,这些都是它使用不便的地方。一种小型的,对电流的利用如同分发煤气那样的灯,是人们迫

家庭贫困，年少的爱迪生只能依靠卖报来维持生活。

切需要的，这个问题是爱迪生想到的。

我们首先介绍一下爱迪生的一些情况，然后再来讲他是如何来解决这个难题的。他的故事开头就像是伟大发明家的光环那样，同样吸引着人们。如此一个受世人敬仰的伟大发明家原先居然是先天条件极差，生活贫穷，甚至都没有受过什么教育的孩子，这或许是人们都非常感兴趣的问题。1847年，爱迪生在俄亥俄州的米兰出生，这是一个贫穷的家庭，他的母亲是苏格兰人，父亲是荷兰人。他那少有的知识基本上都是身为教师的母亲传授的。爱迪生在12岁那年找了一份报童的工作，那是在开往底特律的火车上。

爱迪生维持生计的唯一途径就是卖报，他的全部空闲时间都被他用在了一个小实验室上面，那是他利用行李箱的一个角落搭建的，至于实验器材都是他从列车工厂那里要来的瓶瓶罐罐。他有一套老式的印刷机，用于在火车上印刷报纸来出售，那是底特律自由报的编辑给他的。好多的重要新闻都是他从站长那里得到的，随即被他编写进了报纸，这些对一些乘客还是有吸引力的，毕竟他们必须要等到终点才可以看到正式的报纸。《先驱周刊》是爱迪生为自己出售的报纸起的名字。一天爱迪生在实验时不小心掉落了一个装磷的瓶子，于是在火车上引起了一场小火。他的实验被列车长停止了，同时他的耳朵也被列车长打得出了问题，造成了无法弥补的伤害。

电是爱迪生比较感兴趣的东西，可以成为一名电报员是他最伟大的理想。在磷失火后没多长时间，站长克莱门特的儿子在即将被列车轧死的那一刻被爱迪生救了出来。作为回报，爱迪生在克莱门特那里学会了使用电报机。他此后又抓住机会找了一份电报员的工作，那还是在斯特拉福特。他在极短的时间里就把发报练得特别熟练，发报速度超过了所有工作人员。促使爱迪生开始首次发明的是一个和他不分上下的人被提升为调度员。两台陈旧的莫尔斯电报机被爱迪生拿来做实验,并对其改造,一台被他用作记录点和划,另一台被他用作收发报文,但是要有规定的速率。这样原本每分钟25字的传播速度现在达到了每分钟40字。

一个为提高发报速度在电报线上附加的自动转发器,是爱迪生的第二个发明,这是个特别成功的装置。可是爱迪生却因为这个发明被解雇了,这是由于和他的发明类似的装置被经理的侄子同时发明了。他回到波士顿,那里的同事们见他可以闪电般地抄收电报,都感到特别吃惊。他的电投票记录器的专利就是在那里拿到的。随后,这个发明被他带到了华盛顿,并且在国会主席那里得以展示。可是国会主席的回答是:"东西是个非常好的东西,完美无瑕,可就是没有多大的用处。"爱迪生后来说:"我在当时就立下誓言,对于人们不需要的东西,我以后再也不会发明了。"

爱迪生在1868年下定决心一心发明创造,不再从事发报员的工作。他来到了纽约,首次在美国的金融中心华尔街上漫步。他忽然停住了脚步,因为他看到劳尔黄金行情事务所的六七个工人正在努力地对一台损坏的证券交易显示器进行维修。在旁边看了片刻,他说道:"或许,我可以把它修好。"尽管劳尔很看不上这个年轻人,可还是同意让他试一下。机器在爱迪生挪动了一下两个轮子间卡住的弹簧后显示屏就开始了工作。工人们投来惊奇的目光,随后爱迪生被劳尔请到了办公室。5分钟后,走出劳尔办公室的爱迪生成了一个月薪300美元的经理。

爱迪生马上着手对这台机器进行改造,最终迎来的是4万美元的报酬。此刻年轻的发明家终于可以开始自己的发明了,因为资金的问题得到了解决。双工或四工的电报机是他的第一个发明。随后,在同一条线路上可以

爱迪生建立的制造各种电器的工厂,它位于新泽西州纽瓦克市的沃德街。

同时把两条信息发送到两个相反方向的电报机又被他发明成功了。一个"爱迪生发明工厂"被赚足钱财的爱迪生在门洛·帕克建设起来。电灯的发明占用了他之后的大部分时间。

爱迪生发明电灯的想法产生在1878年，那是他第一次看到电弧灯时，就想着为房间照明可以通过电灯来实现。爱迪生把研究的重点放到了对不熔化不短路的灯丝的研制上，在他看来，白炽灯的多弧构成不是很复杂。铂丝被他拿来试验，可是熔化了。随后他又用铱和铂的合金来试验，还是没有取得成功。硼、硅等好多的材料都被他拿来做过实验。因为碳很容易被氧化，所以他起初并没有用碳来做实验，可是后来还是拿来做了一次。经历无数次的失败之后，1879年10月22日，爱迪生终于成功了，他终于找到了制作灯丝的材料——完全碳化的棉丝。经测试，这种灯丝工作时电阻高达275欧姆。这个灯丝在爱迪生的观察下持续地亮着，这令他非常高兴。最终，灯丝破裂了。假如这还不足以让你了解到爱迪生强壮的体力和不放弃的精神，那我可以告诉你，就为了对这个灯丝有个细致的观察，他曾经在45个小时里没有停止一刻，不睡觉，中间只是吃一点食物。

在得到了正确的实验思路后，爱迪生开始对各种各样的碳丝进行试验。在一把破旧的扇子上取下来的竹丝材质是他得到的最好的材料。爱迪生又把目光投向了拥有1200多个种类的竹子。有6000多个标本被他拿来实验，费用达到了10万美元。最终他在南美找到了3种自己需要的竹子，这样，新电灯的推广工作进入他的工作日程。他先是对纽约的地图进行了细致了研究，这都是为了找一个合适的位置好建设一座中心电厂。最终，一台发电机被他安装在了伯尔街的两栋旧的建筑物里，他买

爱迪生利用碳化棉线制作的电灯，里面是真空的，它曾不间断地亮了45个小时。电灯发明后，煤气灯从此不得不被送入了博物馆。

下了这里的建筑物。之后,不但是美国,全世界都开始推广这样的发电机。

仍然有很多困难摆在爱迪生的前面,高速的引擎是他首先要解决的问题。他把自己要制作一个转速在 700 转以上,马力在 150 左右的想法告诉了一个非常有名的制作者,得到的答案却是不可

正在工作的爱迪生

能。爱迪生却依然坚持自己的想法,声称假如他不做,自己就去找可以做的人。最后,在这个高速引擎被安装好后,几乎要震塌了整座建筑物。于是,另外一台转速为每分钟 350 转,功率为 175 马力的引擎又被制造成功,并且替代了原来的引擎,才得以正常运行。所有的准备工作在 1882 年 9 月 4 日全部完成,在开关被爱迪生打开后,所有零部件运行正常,它可以不间断地产生电力,不过,中间有 8 年短暂的停顿期。

人们在看到取得巨大成功的爱迪生后,对于他的发明总是想尽一切办法试图盗取。和莫尔斯一样,他为了维护自己的权益坚持诉讼了 14 年。在最后仅剩下 3 年的专利时间时,他取得了诉讼胜利。可能你对于这位发明家的超凡思想还没有过多的认识,那就通过了解他一生所拥有的专利权以加深对他的认识。单就电灯一项,他就拥有专利 69 项,另外还有 97 项和发电机有关,20 项和电力计算有关,20 项和蓄电池有关。他一生申请的专利总数量达到了 2000 项。

爱迪生一直都非常好胜。才华出众的他可以在一个简单的问题上集中全部的注意力,把别的事情都忘掉。辩护律师在针对爱迪生的专利诉讼的一次辩论值得我们深思。当时律师是这样说的:"爱迪生先生在阁下需要的情况下,可以把一个刀片在一个一平方英里的草丛中找出来。"这位博学的律师对于勤奋专一的爱迪生描述得相当准确,他的成功也正是在于此。爱迪生一直坚持的信

爱迪生的学问仅仅是来自母亲的教导和自学,他只进过三个月的学堂。从小时候被人们鄙视能力低下,到后来成为世界瞩目的发明家,这都是母亲的谅解和悉心教导的结果。

念是:只要有新的设备走出了我的实验室,我就要它百分百的完美!这个伟大的发明家始终喜爱这样一句话:"正是百分之一的灵感加上百分之九十九的汗水,才造就了天才!"这可以说是他的座右铭,在对新发明和新知识的追求过程中,这位天才的发明家从没有丝毫的怠慢。

爱迪生时常把一条特别宽的线画在"发现"和"发明"之间。发现,在他的眼中就是一堆堆的草稿,所有人都会看得到,不带有任何的价值。与之相反的则是发明,它是发明家智力的结晶,除了对新现象的感知能力外,发明家还应使其具有新的价值。

留声机,又被称作电唱机,是爱迪生最伟大的发明,支离破碎的灵感就是他的设计思路。浮雕带曾被爱迪生拿来做实验,它的快速移动,使得一支金属笔或自来水笔产生振动,同时有种奇怪的声音发出来。这样的声音假如当时被一般的人听到,它的特殊价值就不会被发现,可是它却被爱迪生发现了。电话、电报机,以及声学是那时爱迪生的研究重点。

这种想法只是闪现在一念之间,任何我们需要的声音都可以通过把振动的带子制作成人们容易接受的形式,之后再带动振动膜震动而发出

爱迪生发明了第一台留声机

来。爱迪生的脑子里就在那个瞬间构建出了留声机的模型。

这就是灵感。可是发明家要面对的将是个非常棘手的问题。想尽一切办法使声音产生波动，成了爱迪生接下来的工作重点，对于这到底是灵感还是推理，我们就不太清楚了。我想锡纸应当是他可以找到的对声波进行接收的最简便东西了。模型被他画成了一个草图，是助手约翰·克如瑟制作的。克如瑟完成这个模型整整用了30个小时。随后在实验室里，爱迪生在缓慢转动把手的同时对着受话器说了一句歌词，那就是"玛丽有只小羊羔"，约翰·克如瑟就站在他的旁边。爱迪生说的歌词，在圆柱转回到起点时，像回声一样又放了出来。第二天这个发明就被发明家带到了美国科学办公室，这在当时是唯一一份关于留声机专利的申请。留声机的专利在1877年的圣诞节前夕被爱迪生申请成功了，它带给人们的欢乐要远远大于之前的所有发明，就连无线电包括在内，这个日子值得我们纪念。

早期唱片

爱迪生在发明了留声机后一直忙于其他发明，对于其较差的音质并没有给予改善。对留声机进行改进工作的是贝尔兄弟以及一个叫做泰恩特的人，他们同时发明了唱片。从当初的留声机到现在的录音机，都是当初人们不断改进的结果。如今几乎所有的声音都可被留声机复制成功，并且音质完美清晰。

爱迪生实验室

第19章 飞船与气球

飞翔的人类——首个气球——尝试对气球的驾驶——飞船的故事——无尽的灾难

在众多的神话故事中的英雄们要么长着翅膀,要么骑着飞马,以至于为了进行飞船的制作,有很多人耗费了大量的时间和金钱,甚至还有生命,由此可见,飞翔始终是人类最大的梦想之一。

你应当听说过,中国是最早开始飞行的国家,对于这样的言论,我们是有充分的证据的。在一个新皇帝登基时,人们为了表示祝贺曾放飞了一个气球,这是1694年在

伊卡洛斯,神话故事中的重要人物,曾用封蜡制作了翅膀飞上了天空,可是由于飞得太高,封蜡被太阳融化了,以至于他掉入大海被淹死了。

中国的法国传教士所做的记载。但是对于这个气球的制作过程以及充气过程，并没有被我们看到。

1709年，欧洲开始有了关于气球的记载。1709年8月8日，巴西人迪古兹进行了一次气球试验。迪古兹1689年出生于巴西的桑托斯，他返回葡萄牙的家乡是在1708年。人们称他的气球是"球体"，它升起的院子是里斯本的"印度之屋"。气球升空借助了一种特定燃料的燃烧。据说当时的国王和王后都观看了这次升空表演，可是对于气球的制作方法以及上升高度等并没有相关的数据。我们无法对这个故事的真实性进行判断，可是有一点可以确定，他开创了人类飞行的先河。遗憾的是，他也因此被起诉。

利用四个直径63.5厘米的铜球，把它们都抽成真空状，就可以使得飞船升空的说法，是早在1670年由一个耶稣教徒提出来的，他的名字是弗朗西斯·拉纳。想到飞船因此减轻了重量从而升到高空，当然是没有错误的，可是铜球会在抽成真空的时候被大气压力压碎，这是他忽略掉的。

氢气的重量要比空气轻的实验是1776年由英国著名的化学家卡文迪什展示给科学界的。爱丁堡的布莱克博士在同一年制作了一个充了氢气的气球，可是没有升起来，那是由于他用的材料是小牛的肠子，份量太重了。随后，纸袋又被人们拿来做实验，可是气体会发生泄漏。

最终是一对兄弟发明了真正的气球，这和发明机器的莱特兄弟很相似，真的很有

哥哥斯蒂芬·孟格尔费出生在1740年8月26日，弟弟出生在1745年1月6日，兄弟两人都是在法国南部的小镇出生的。冒险和幻想是兄弟俩与生俱来的。兄弟俩人发明的热气球备受欧洲各国的注意，这极大地推动了航空事业的发展。哥哥被任命为科学院院士，弟弟成了一名国家研究院通讯院士。

查理氢气球

人类成功完成载人飞行的氢气球是 1783 年 8 月 27 日由查理制作的。之后,查理气球在法国得到了大范围的推广。

意思。比特·蒙哥尔费是法国里昂的一位造纸商,他有两个儿子:斯蒂芬和约瑟夫想假如能够有云一样的东西充满了整个纸袋,那纸袋就可以飞到空中去了。兄弟俩这样想着,就制作了一个形体巨大的纸袋子,在袋子下方点燃了碎稻草后,纸袋子居然升空了,这太令兄弟俩兴奋了!又过了一段时间,他们才懂得了,是热空气把纸袋子推升到了空中。

这个道理一旦被搞清楚了,之后的就不会太复杂了。1783年6月5日,兄弟俩制作的直径是9.15米的纸气球在阿诺内小镇升空了,这是他们用小气球实验之后的再一次实验。当时气球上升的高度大约是2.4千米,它逐渐变小的身影被很多人看到了。在高空中空气变冷后,气球开始下降。8月,又有一个气球升空了,和之前一样,都是没有乘客的。不同的是,第二个气球的材料是薄丝,外面还有一层印度橡胶,这是一种新材料,它的直径虽说达到了4米,可是重量仅为9千克。它里面充的不是热空气,而是博物学家查理教授制取的氢气。这次氢气球的上升高度有915米高,它是在巴黎的埃菲尔铁塔脚下升空的。气体泄漏后落到了24千米外,当时一个农夫被吓倒了,把气球弄坏了。

一个更大的用亚麻布覆盖纸层做成的气球,又被蒙哥尔费兄弟俩制作成功了,一个轿厢被他们安装在了气球上面,他们把一只公鸡、一只鸭子和一只羊放到了轿厢里。1783年9月19日,在凡尔赛,他们放飞了这个气球。这个气球在空中停留了8分钟后,气球再次回到了地面。除了公鸡的状态不令人满意外,羊和鸭子在气球落地后都很好。其实这只鸡是被羊踩伤的,而并非如

热气球的出现,使得人们可以飞到高空俯视大地,视野得到极大的开拓。很多国家开始重视它在军事上的利用,甚至设立了专门气球使用和管理体制,并把其列入国防编制。

同人们猜想的那样是由于高空空气稀薄造成的。

没有人敢在那个时候飞升上天。一个胆大的勇士德·罗齐埃在几个星期后同意上去实验一下。他登上这个气球是可以控制的，30米是它可以上升的最高高度。人类的第一次气球飞行是由德·罗齐埃和朋友达尔朗德侯爵进行的，那是在1783年11月21日，他们的飞行高度是150米，飞行时间是20分钟，飞行的距离是8千米左右。当时有人问站在观看人群中的富兰克林有何感想，得到的回答是："如同是刚出生的婴儿，毫无用处。"富兰克林说得没错，人类真正掌握了气球的飞行是在100多年后，而这之前都不过是玩具而已。

1784年9月15日，英国同样举行了载人飞行，当时是在伦敦的光荣炮兵连升空的，站在里面的是文森特·卢纳迪。但是，英国的气球之父总被人们认为是詹姆士·赛德拉，其实他的升空要比卢纳迪晚上一个月，他当时在伦敦。他在之后的30年里又完成了许多次的飞行，遇到的危险何止一次。在一次从柏林升空横渡爱尔兰海峡的飞行中，气球由于逆风而发生了爆炸，人们把他从水里救了上来，才使他免遭一难。

起初气球的安全性很差，因为它们都是由容易燃烧的氢气填充的。

人们在这段时期里进行的实验有很多次。一个功率仅有 2.1 千瓦的小型蒸汽引擎在 1852 年被齐菲尔德制造成功了,一个如同雪茄状的气球被他拿来和轿厢固定在了一起。静止的气球可以在引擎的作用下发生移动,可是他最终放弃了这个实验,因为费用太高了。一个比空气轻的飞船在稍晚些时候,由德国人海伦制造成功了,这个飞船使用了内部气囊,所以它和现在的飞船十分接近。一个四叶片的螺旋桨被一个小型气体发动机驱动着,转速为每分钟 40 转,可是这个气球的飞行不是很好,因为它是煤气填充的。

首艘可以驾驶的飞船"法兰西"号是路纳德上尉于 1884 年发明的,它的引擎是电动的,当时并不具备什么使用价值,因为速度慢,并且只能在很小的范围内活动。

巴西人桑托斯杜蒙在"法兰西"号发明的 16 年后进行了一项具有历史意义的飞船实验。他尝试了很多次,最终在 1901 年 10 月 9 日取得了成

德国的 LZ-38 型齐柏林飞艇曾于 1915 年对英国执行过空袭任务,这极大地震慑了英国。在整个战争期间,大约有 200 多吨的炸药被德国的飞艇投放到了英国,出动次数 208 架次。

功。当时，他的飞行距离为14.5千米，时间是30分钟，升空是在圣·克劳德，之后从埃菲尔铁塔绕了回来。德国因为他的这次成功飞行奖励了他3000英镑。他的飞船直径为6米，长32.94米，驱动装置是一台12千瓦的发动机。一个更大的飞船被勒博迪兄弟在1903年制作成功了，它的速度可以达到每小时39千米。

飞艇尾部骨架照

飞艇是一种轻于空气的航空器，它与气球最大的区别在于具有推进和控制飞行状态的装置。飞艇的鼎盛时期是在20世纪二三十年代。

从此以后，德国、英国、法国每年都会研究出新的飞船。与此同时，"比空气轻的机器"的新灾难也在不断发生着。在一次大风中毁掉的"维尔曼"号，它是为了征服北极建造的。勒博迪的飞船，一个被暴风雪摧毁在马恩河上的沙隆小镇；还有一个被狂风在停泊地卷到了高空，穿越过英国的上空后，碎片落入了大西洋。英国的首个飞船因为失火被摧毁了，同时葬身的还有首个齐柏林硬式飞艇。还有在半空中燃烧的赛维制造的飞船，当时他和朋友们不得不从高空跳下来。根据记载，那个时期发生事故的齐柏林飞船共有6艘。第七个长150米的，在1913年的狂风中也被摧毁了。

各国政府受到世界大战的影响都纷纷放弃了飞船的建造工程，他们实在是看不到任何希望了。可是，德国人在飞船研制方面投入了大量资金，并且在1915年和英国交战的过程中，大量的炸弹就是由这种工具投放的。对于上方飞机的攻击，齐柏林飞艇根本没有应对能力，在危险来临的时候，它只能为大型哥达式飞机让路。英国不得不制造了"软式小型飞艇"以及别的比空气轻的飞艇来应对战争，并且成果显著。飞艇在经历世界大战后得到了飞速的发展，甚至成功穿越了大西洋，但是仍旧无法阻止频繁发生的灾难事故。全世界都被1921年8月巨人R38失事的消息震惊了。在300米的高空中，R38破裂成了两半，燃烧着熊熊火焰落入了亨伯河，除了4人幸免遇难外，其他36全部死亡。

飞艇在第一次世界大战后以及之前的时间里，里面填充的都是些易燃易爆的煤气和氢气。R38的爆炸威力惊人，就连赫尔码头上都飞驰着它的碎玻璃。可是"圣南多亚"号上使用的气体比空气轻，却不会发生爆炸，那就是氦气。氦气至今都停留在实验的阶段。获得氦气的方法有很多已经被人掌握了，可是都要非常高的成本。所有的强国都在制作这种庞然大物，因为氦气给了他们飞艇使用的希望。这一新的发现将会使得安全性能进一步提高，当然人们对于设计方案都是十分保密的。飞艇是带给人类灾难最多的发明，对于它在研制过程中遇到的困难是我们无法想象的，可是如同人类战胜自然界一样，飞船也必将被战胜。

第20章 飞机

比空气重的飞机——拍打式的飞机——滑翔机——对于鸟类的超越——飞机应用的推广

鸟类的飞行是人类最先接触到的。因此，模仿鸟类是人类早期飞行的特点，人类的首个飞机就是"扑翼飞机"，有两个扑翼翅膀被安装在它的上面。在中世纪里，人们的飞行梦总是想着如何来利用翅膀，这一点书中都是有记载的。和人相比较，鸟儿的骨头里面是空的，肌肉要相对有力，因此鸟儿可以在天空飞行，而人类不可以。这其实很好理解，假如人的起飞点距离地面有一定的高度，等待的结果只能是粉身碎骨。

一个镶嵌了翅膀的飞机在1809年被一个叫德根的英国人制作成功了，他的鸟羽是用塔夫绸缎子制作出来的。书中记载他的飞机连同操作员在内共重73

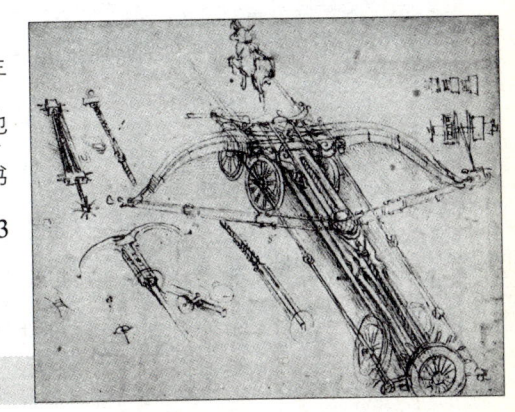

这幅有关飞机的草图，出自达·芬奇之手。

千克,飞到的高度是13.5米,其实真正被他的飞机提升起来的只有32千克,其余41千克是通过滑轮提升的。人类要通过自己的肌肉飞行是相当困难的,这一点可以通过德根的实验证明出来。随后又有一台小的飞行器被法国的斯欧沃发明出来,它的工作是通过一个U形管来实现的,它水平飞行的动力是来自突然的内部压力。当时斯欧沃的推力来自管子内部燃烧的弹药。虽说只是个模型机,可是飞出的距离确实有91米。管子在被发射出去之后会展成水平状的,如同正在拍打翅膀的鸟儿一样。

19世纪80年代,一系列的实验被澳大利亚的哈格雷夫通过箱型风筝做了出来。他还制作出了几个飞行器,零部件都是些蒸汽驱动装置、橡皮圈、时钟机构,以及压缩空气等。最后的一个飞行器重量仅为3千克,其中水和油就占去了594克,它有10~23厘米宽,91厘米长的翅膀,拍打速度达到了每分钟342下。除了最新式的汽油机外,哈格雷夫的强力引擎是最轻的了,它的飞行距离达到了210米。

有关直升机的实验,人们在19世纪也做过很多。在一个宽大机翼的作用下直接升空的机器就是直升机。一个用竹子框架和铁来制作直升机的计划曾形成在达·芬奇(意大利伟大的艺术家,发明家)的脑子中,但是最终没有实现,主要是没有对螺旋桨的驱动装置。随后,有几个可以飞行的直升机模型被人们制作成功了。被橡皮圈驱动的如同玩具的直升机在1870年被阿芬瑟·裴拿多制造成功了,飞到大厅的天花板上面毫不费力。在直升机的研究方面,勒纳德、爱迪生以及马克西姆等都做出过贡献。有关的工作,路易斯·布伦南先生(鱼雷的发明者)同样在进行着,在我写这本书的时候,听说可以提升一定重量的直升机已经被他制造成功了。可是能飞起来才只是直升机的第一步,要像飞机一样可以飞行才是关键,

达·芬奇设计的直升机草图

否则就失了使用价值。相信这些不久就会成为现实。

比较成功的飞行器就是飞机。如同模仿鸟类的翅膀拍打一样，飞机是对鸟类滑翔的模仿。我们都很清楚，最强壮的飞行者是鹰、秃鹫等，它们的飞行高度要比拍打翅膀的高很多。

人们对于飞机的试飞成功都特别高兴，毕竟这更加接近了人们的梦想。

假如有人问起发明现代飞机的人是谁？大家一定会争着回答，是莱特兄弟、威尔伯和奥维尔。其实，克莱门特·埃德才是飞机研制的先驱者，声明一点，我对莱特兄弟也是非常尊敬的。埃德研制飞机开始于1872年，他研究的是扑翼飞机，可是他发现扑翼用处不大。一架真正的飞机在1890年在法国政府的资助下被他制造成功了。这个庞然大物的翅有162米宽，蒸汽机的功率22.4千瓦，有两个四叶片的螺旋桨。1891年10月进行了首次试飞，它的飞行距离有50米。2万英镑大概是埃德这次飞机实验的费用。埃德的飞机在1898年再次试飞了一次，这次的飞行距离近300米，轨道是半圆形的。可是飞机由于平衡没有掌握好，最终导致实验没有成功。就在这个时候，美国的S·P·兰利教授正进行着一个非常有意思的实验，更近代的发明者利用他的实验路线最终取得了成功。有几架模型飞机被兰利制造成功了，它们的外表都非常好看，他把起飞地点选在了一艘停泊在波拖马可河的船顶上。他的机身特别轻便，而且使用的蒸汽引擎功率很大。经过了多次失败后，一个可以飞行1/4英里的模型终于被他在1896年5月6日制造成功了。我们应当清楚，当时这个成绩已经十分了不起了，发动机的尺寸很大，并且起飞的地点是水上。它的速度达到了每小时40千米，它在蒸汽用完时平稳地降落在水面上。

尽管兰利的行为人们无法理解，但是他的思路并没有错。他的行为在30年前还被人们当成是疯子。可是身为史密森学会会长的他，最终得到了美国政府的批准，制造成功了一架载人飞机，飞机搭载的是一个汽油发动机，功率为39千瓦，总重量为381千克。可是对这种飞机是需要跑道才可以起飞的的情况，兰利并没有认识到，因此莱特兄弟成为了飞机的先驱者。他在那种情况下进行试验，他的起飞地点是房屋的房顶，但是每次都掉入河里，因为飞机总是达不到所需的速度。四面八方汇集来的都是嘲讽和讥笑，兰利不长时间就去世了，据说是因为伤心所致。1914年5月，博物馆中展示的兰利在15年前制作的飞机被美国的著名飞行家格伦·柯蒂斯先生拿出来，之后把轮子安装到上面，在纽约的巴思进行了一次飞行试验，非常成功。

有关滑翔机的实验，人们在19世纪90年代做了很多。这些人包括，奥克塔夫·沙尼特、皮彻尔、古斯塔·李林塔尔兄弟等。皮彻尔和古斯塔·李林塔尔兄弟死在实验中，他们为后来的实验人员积累了丰富的经验。

1905年5月20日《科学美国》杂志登载了一段这样的描述："下面的因素是制作飞机时必须要考虑的：平衡是首要的条件，要有可以操控的滑翔过程。"1905年4月29日，符合上述条件的机器被约翰·J·蒙哥马利教授制造成功了，准

1909年举行的第一届航空大会

确地说，它应当是滑翔机而不是飞机，它的首次公开实验是在加州的那里·克拉拉。放飞它的是个热气球，割断和气球连接的绳子时，高度大概是1200米。充当驾驶员的是著名的跳伞运动员丹尼尔·莫洛尼。大家对于他的盘旋和8字形的俯冲动作都格外地吃惊。他当时的速度估计在每小时113千米，航行距离13千米，降落的地点是起先预设好的。他的神情一直都很轻松，从不紧张，哪怕是滑翔机被迫着陆在身后。观看这次飞行的人中就有亚历山大·格雷厄姆·贝尔和奥克塔夫·沙尼特，贝尔断言，蒙哥马利的机器将会成为以后飞机研究的重点方向。莫洛尼曾在高空做了一个侧翻动作，但是平衡自动恢复了，之后飞行依然正常，可见蒙哥马利的滑翔机稳定性非常好。对于莫洛尼充满奇幻和非凡的表演，在地面上进行观看的还有很多人。

再让我们把目光投向莱特兄弟。他们首先对大量的前人实验资料进行阅读，最后对查纽特的双翼滑翔机进行改进，并制作了一架滑翔机。实践远远胜于雄辩是他们一直都坚信的真理，他们的滑翔机实验是在北卡罗来纳州海岸一个偏僻的沙丘进行的。他们经历了数百次的实验，每次都是在沙丘的顶部滑下，一直坚持了数个月，他们不会放过任何一个可以飞行的日子。他们的实验开始在1896年，可是把发动机安装到其中一个机器上是在1903年。对安装有发动机的滑翔机进行实验开始于1903年12月17日，总共进行了4次，其中260米的距离是最长的一次。这个距离和1896年兰利的以及1897年埃德的相比都不算远，可是这却是首次安装了发动机的载人机器，并且实验进行得很成功。

莱特兄弟对于他们的发明成果和荣誉总是共同享受的，他们总是一起出现在公众面前。

飞行距离在莱特兄弟的不懈努力下在 1904 年增长到了 420 米。他们实验成功是在 1905 年。1905 年 9 月，他们在俄亥俄州的代顿飞行了 19 千米，耗时 18 分钟，1905 年年底，更是达到了 38.64 千米的飞行距离。

法国的布里埃尔·瓦赞在此期间也进行着有关飞机的研制工作，他的机器是箱式风筝形状的，首次驾驶这台机器飞行是德拉格和法尔芒。我们应当特别注意，首次比空气重的机器飞行是由桑托·杜蒙于 1906 年 8 月 22 日实现的。和现代飞机相同，它的助跑阶段也使用了轮子，并且在飞行了 201 米后安全降落，因此说，这是个奇迹。

1907 年法尔芒的机器进行首次试飞，距离不是很长，可是 1907 年的 10 月他再次进行飞行试验，这次的飞行距离是 402 米，速度达到了每小时 54.26 千米。之后，有人声称，谁的机器可以环绕飞行 1 千米，就可以得到 2000 英镑的奖金，这个奖金在 1908 年 1 月 13 日被法尔芒拿到了。

和法尔芒的双翼机器不同，布莱里奥的飞机是单翼的，同样取得了成功。他从飞机上掉下来不只一次，可总是有惊无险。其实最初的时候，飞机飞行距离地面仅有几米的高度。

飞机的飞行距离在 1908 年时超过了 19 千米。首所飞行学校是莱特兄弟于 1909 年开办的。布莱里奥在 1909 年夏初飞行了 40 千米，他从埃当普市飞到了奥尔良。飞机的高度不是很高，房屋和树木就在下面不远处，它和巴黎到奥尔良的特快列车并行了一段时间，好多人拥挤到车窗对它进行了观看。那段时期最值得纪念的成功飞行，当属从法国到英国的飞行，那是布莱里奥于 1909 年 7 月 25 日驾驶飞机进行的，当时的天气不好，有薄雾。那次的飞行距离海面 90 米，飞行时间为 43 分钟，飞行距离达到了 43.5 千米。飞机的螺旋桨在着陆时由于颠簸过大损毁了，可是布莱里奥很安全。

飞机的研制工作从此进入了快速发展期。法尔芒每小时 64 千米的速度在 1924 年 11 月 7 日被波恩奈副官提高到了每小时 386 千米，相当于每分钟 6 千米。那个时候飞机的尺寸达到了非常大的程度，和莱特兄弟开始的 340.5 千克相比，百令轰炸机达到了20吨的重量，它的发动机功率达到了223.8千瓦。飞机可以同时运载9100升的燃料，2270千克的炸弹，两三个技术员，另外还有飞行员和观察员。德国一架超宽机翼的单翼飞机可以一次搭载60名乘客。

1.6千米大概是现在一般飞机的飞行高度，11千米只是个别飞机曾经达到过的地方，那里的温度低到了-69℃。有关飞行距离的记录，那就是跨越大西洋的飞行。可是，之后整个的美洲大陆又被一名飞行员穿越了，他从佛罗里达的杰克逊维尔起飞，中间停顿了一次，最后降落在加利福尼亚州的圣地亚哥，总长2775英里。法国的两位飞行员杜亨和库佩特，在1924年7月连续在空中飞行了38小时。

首次环游世界的飞行是由美国的6位飞行员在1925年完成的，他们驾驶的是特制的3架美国飞机。那次飞行的距离是42415千米，平均速度是每小时116.72千米，整整飞行了55天3小时7分钟，西雅图是起飞的地方，最后降落也是在西雅图。之后，第四架飞机由于意外而未能完成环球飞行的任务。

帆布和木头最初是飞机的制作材料，特别容易损坏，如今都换成了金属。一架全金属的飞机曾被德国的雨果·容克教授设计成功了，它上面搭载的4台发动机都是746千瓦的，整个机身长30米。这个海上巨无霸重量接近50吨，仅一个机翼的长度就有79.3米，它的发动机原料是原油，而不是汽油。

如今，在运送乘客和邮件方面，飞机和火车、汽车展开了激烈的竞争。英国和欧洲大陆之间的乘客在1920年就有将近5千名，之后每年这个数量都会增长，新机场和新航空灯塔建设得到处都是。对于不同

莱特兄弟的飞机虽然做出了很大的改进，结构依然特别简单。

地方的天气，飞行员可以提前预知，因为无线电被用在了所有客机上。

飞机在战争年代和和平年代的作用是一样的，都是一种运输器而已，每一年它都会出现新的用途。为打渔船队定位鱼群就是一个。对于海中的沙丁鱼群和青鱼群，我们在岸边是无法看到的，可是在飞机上就不同了。同样的原理，为了快速找到芬兰雪地里的雪豹群，我们也可以使用飞机来定位。法国就曾利用飞机把大量的杀虫药物散在地面上，从而把阿尔萨斯和洛林沼泽里的大量高致病的蚊虫杀死了。飞机也曾被空军用来救灾，那是在1920年的春天，当时马里兰的一个小镇受到冰山威胁，正是空军把这些冰山炸成了碎片。

好多鸽笼中的鸽子，在1924年7月被比利时一架巨型飞机运送到了伦敦机场。和火车以及轮船相比，飞机的速度当然是快很多。因为有大量的土匪在墨西哥活动，四处充满着危险，飞机就被用来为油田工人们发放工资。在营地上空盘旋的"工资飞机"除非是看到秘密信号，否则是不会把金币用降落伞投下去的。飞机还为频临破产的银行运送资金。飞机在美国还被用作寻找森林火源的工具。为了对北部的驯鹿迁徙情况进行观察，西北林区的执行官穿行千里也是通过飞机来实现的。

除了以上这些，对病虫害进行防治当属飞机最为奇特的用途了。每年有将近2亿蒲式耳小麦被一种黑茎铁锈病破坏，极其微小的铁锈孢子经过风儿一吹，根本就无法找到它们的去向。可是，美国农业部的观察员利用飞机解决了这一难题。观察员利用抹过油的玻璃板在飞机飞过农田上空时"曝光"，之后对其进行微观检验分析就可以发现病虫害的前进方向。

飞机的生产不断被体积小、功率大、重量轻的发动机推动着，对于发动机性能方面的研究，这些年就一直没有停止过。你一定想象不出十缸的发动机是多么简单。功率达75千瓦的发动机在第一次世界大战前夕在法国的巴黎进行了展出。

第21章
步枪至机枪

文明受到大炮的影响——后膛填装——燧石发火装置——膛线——弹药筒——步枪的弹夹——军队的现代武器

把深埋于地下的硝石挖出来，好多高大的小伙子对此恐惧万分，这真是件令人遗憾的事情。

人们数千年来对炸药和火器的看法一直受到莎士比亚的影响，这可能也是部分的事实。可是不论怎样，封建时代就是被黑火药推翻的。由于受到要塞的保护，那些强盗似的贵族就无法被人们打击，这样被铁链紧紧锁着的文明就不会获得自由。结果，令人痛恨的暴政被填满火药的加农炮彻底击垮了。

关于火器的另一件事情，我还要和大家说一下。以前的战争模式非常简单，除了刀剑和弓箭外在没有别的，全体部落或者国家中的所有成年人在需要的时候就要全部投入战斗。战争模式在火药被发明之后得到了改变，公民假如不经过一段时间的训练，根本不可能达到作战的需要。因此，组建一支相对规模的常备军就成了必然，临时的壮丁是无法形成战斗力。战斗的伤亡在第一次世界大战之前，在枪支和火药没有被发明之前，是非常小的。

一种被称作曼吉克斯，并且性能较差的大炮，在8世纪时被十字军带入了欧洲，之前阿拉伯人已经使用过了。对于这种大炮，我们只能用粗糙来形容，不仅如此，大炮在某些时刻对自己人造成的威胁甚至要大于对敌人的威胁。特别大的缝隙布满了大炮四处，如同是老式的大口径短枪，它的炮口特别大，后座却很小，大炮并不是它开始时的名字，轰击者才是开始时人们对它的称谓。

一些石头，或者是石头外覆盖了一层铅，这主要是为了使石头变得圆了，这些就是开始时的弹丸。对于射击的精准度问题，当时的人们根本就没有考虑。弹丸的直径是任何时候都不可以大于炮膛的，发射时，有时候会因为填料不仔细而有大量的气体泄漏出来。另外，炮膛里的弹丸并非是被直线发射出去的，而是四处乱撞，而最后一次撞击炮膛的位置就决定了弹丸发射的方向。

一个后装式的大炮被展示在里斯本的博物馆里，人们推算它的存在时间已经有300多年了，因此说在16世纪应该就有这样的大炮了。机关炮是再早之前

1683年7月维也纳在战争中被土耳其围困。随后波兰军队增援了奥军，土耳其在同年9月被打败，伤亡2万余人，大炮损失了300门。

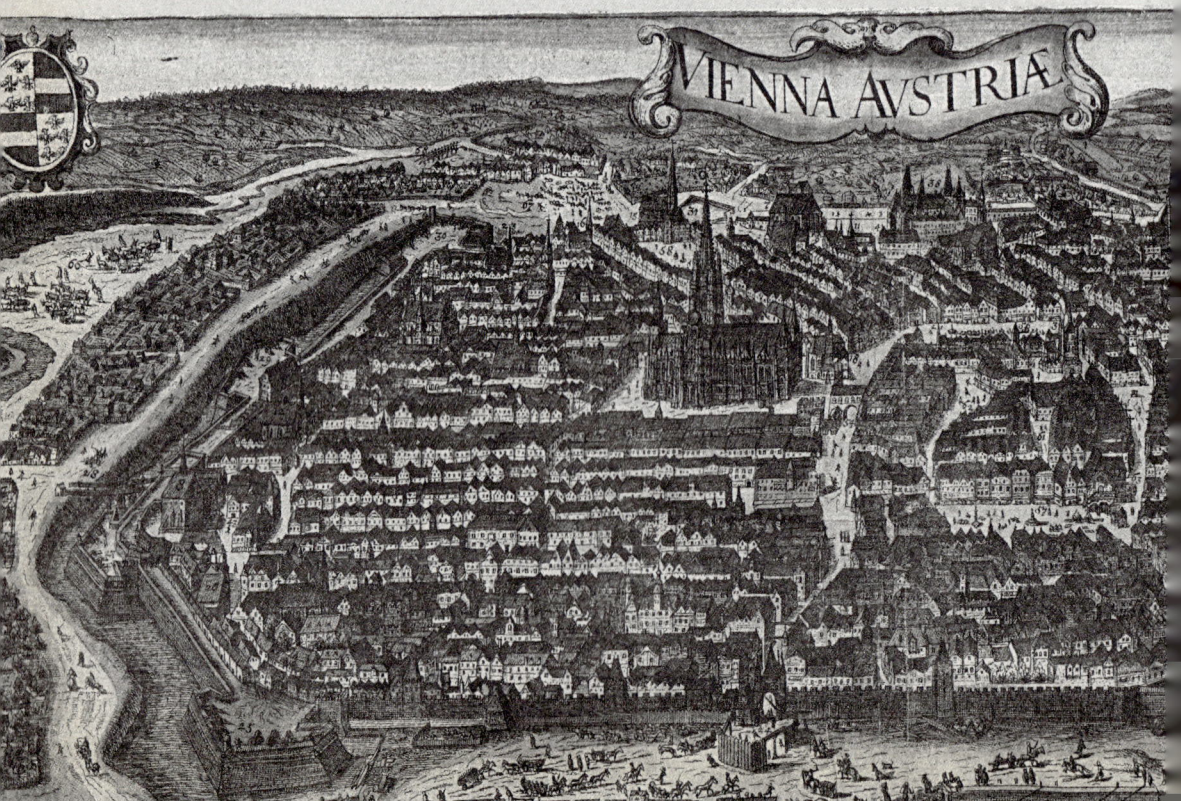

人们一直研究的对象。在同一个轮子上安装了好多的炮筒，并且配备有金属护盾来保护炮手，这就是由多个炮筒构成的法国的管风琴炮，它很像现代的机关炮。可是它装填火药和发射同样需要很长的时间，和那个时候别的火器没有什么区别。在潮湿的天气里，这样的火器是无法使用的，因为它们使用的都是缓燃的引信。法国的邓巴步兵在1650年就曾经由于雾天潮湿而无法发射。相传，在那个时候，另外一场战争中的士兵用了8个小时才射出了7发子弹。

1632的机关炮

轮转点火机是对缓燃引信的第一次改进。一个上紧的发条被固定在枪栓上，如同钟表的发条，发条放开后铁和燧石相互撞击，这样就会有火花产生。在这之后就是相传被强盗们发明的燧石发火装置。强盗的发明意图是为了避免晚上抢劫时被发现。最初只是猎枪上使用了燧石发火装置，把其引入英国军队的是威廉三世，直到1842年人们还在使用它。在滑铁卢的战斗中，0.6厘米口径的燧石枪是相当有威力的，连同刺刀在内，总重量超过了4.5千克。燧石枪的射程可以达到201米，只是不太稳定，所以这样的命令经常出现在部队里："开火时必须看得到敌人的白眼球，否则不允许开枪。"为了使子弹能够紧密地装入枪膛，同时被安装到适当的位置，球形的子弹被包装在浸过油的布里。

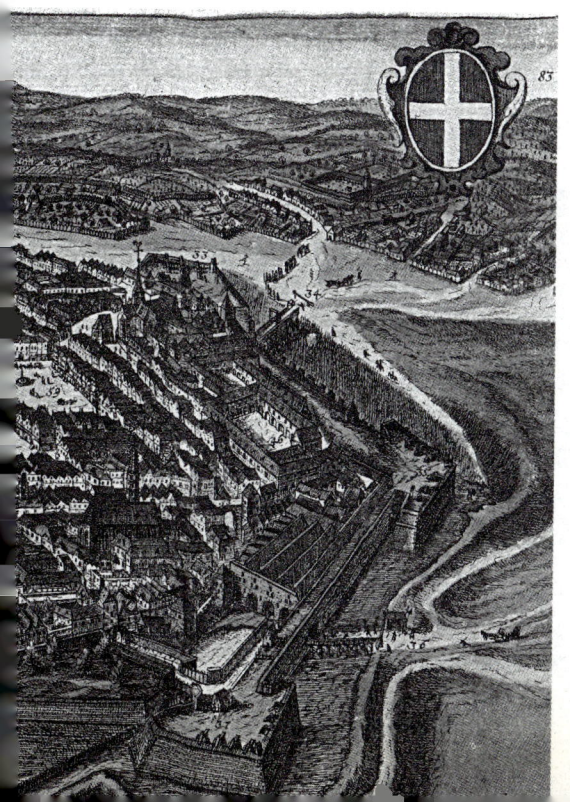

来福枪被使用在军队中，这是英国军队首次对火器的改进，其中最有名的当属1835年被引入的不伦瑞克枪。这种枪依

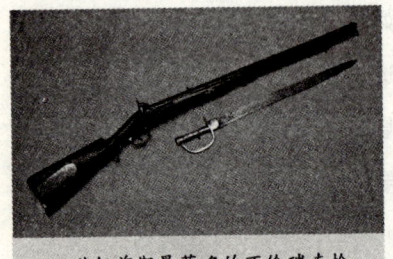

119世纪前期最著名的不伦瑞克枪。

然是前膛枪,算不上真正的来福枪,它里面没有两条用于镶嵌子弹的深凹槽。和燧石枪相比,它只是提高到了两倍的射程,这种火器依然笨重,军队经过它的武装就被称作是来福枪旅。

有种两根枪管牢牢靠在一起的双管猎枪,在17世纪被意大利人制造成功。可是根据记录,人们在1580年就已经开始用它对飞行中的鸟类进行射击。

铜雷管是人们在1816年左右发明的,但是,在很长的时间里它都没有用于军事,而只是用于猎枪。

对于枪膛里有个凹槽的来福枪的优点,早在18世纪人们就已经认识到了,但人们之所以反对它是由于在使用推弹杆时,子弹不容易被装填。不难理解,太小的子弹装填到位倒是十分容易,可是在发射时,它不能很好地嵌入膛线中;太大的子弹,就需要太多的时间和精力。可以膨胀的子弹是在1852年被一个叫米涅的法国人发明的,他因此而得到了法国政府2万法郎的奖励。其实,类似的子弹早在17年前就已经被W·格瑞纳发明了,他是英国有名的枪炮制造者。作为对他专利的认可,英国政府在1857年奖励了格瑞纳1000英镑。在命中率上,

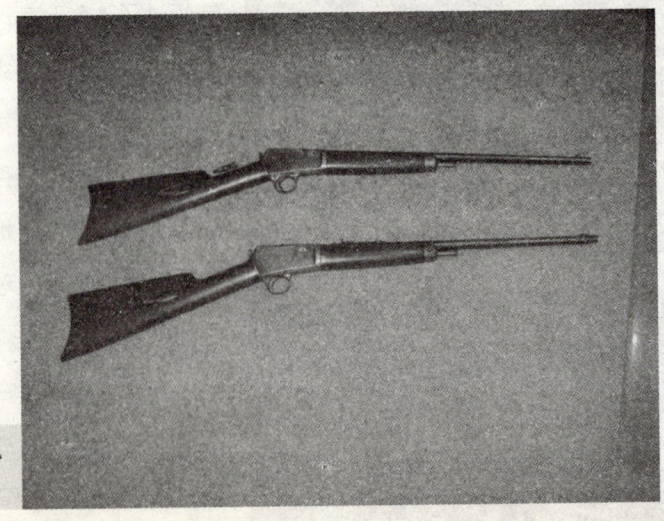

享利步枪极大地地提高了步枪的射击速度。

米涅来福枪获得了巨大成功，它把原来74%的命中率提高到了94%。

最先为军队装备后装式来福枪的是普鲁士。这种把弹头、火药、填料，以及火帽等设计在同一个枪筒的击针枪是道赖泽明发明的，这开创了军事史上的先河。普鲁士军队就是凭借击针枪取得了和丹麦、奥地利战争的胜利，法国最后也被迫开始使用这种枪。

一种子弹轻、口径小的埃菲尔德式步枪在1853年被英国政府配发给了军队。人们认为，这种把牛油和猪油涂抹在子弹上的做法，是对印度教徒以及伊斯兰教的侮辱，因此在配发这种步枪的时候，印度驻军出现了兵变。一种把老式的埃菲尔德式步枪改装为后装式的方法，被一个叫做施耐德的枪械制造商发现了，于是，施耐德式步枪在一段时期里成为了英国军队的主要火器。为了设计出一种新型的来福式步枪，英国政府在1866年拿出了奖励政策。有104家来争夺奖励，最后进入角逐的仅剩下了9家。一种带有马梯尼式后膛的亨利步枪后来被政府认为是最优秀的。这就是之后深受美国人喜爱的温切斯特步枪。亨利步枪射击20发子弹仅需要53秒的时间，它的射击速度飞快，它的枪膛里面拥有7条凹槽，在56厘米的距离上可以旋转一周。

射击速度更快的带有弹夹的步枪出现在19世纪末期，它极大地推动了单发步枪的发展。土耳其以少数的兵力取得了1877年土俄战争的胜利，就是因为使用的是温切斯特连发步枪。带弹夹的步枪在1879年被装配到了整个欧洲强国，德国更是把所有装备换成了毛瑟枪。在一个锡铁盒子里装有5发子弹的曼利夏步枪是奥地利军队装备的，盒子里的子弹会在枪膛里的子弹被弹出后立刻被弹簧顶上来。李·麦特福德弹匣步枪在1887年被英国装备到了军队，经过1898年的改进，这种步枪可以连发10发子弹，并且采用了无烟火药。

对于军用步枪，英国有着十分严格的制作标准，一根成品枪管要经过

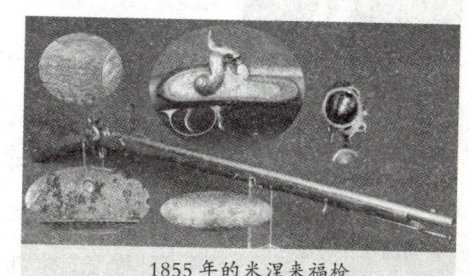

1855年的米涅来福枪。

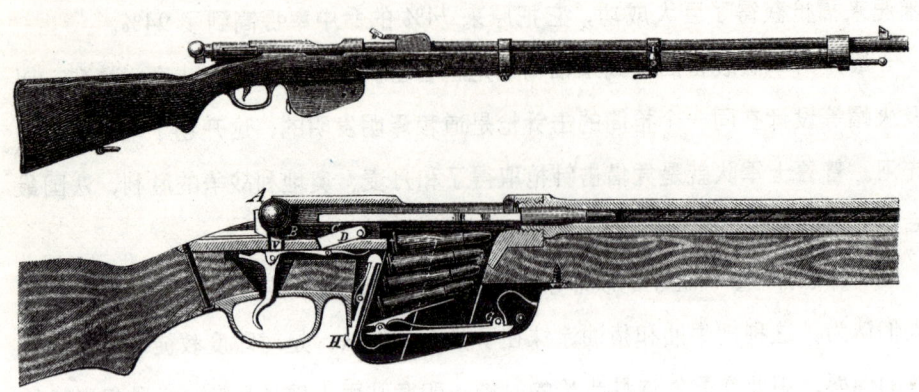

世界各国使用火绳枪的历史有200多年,可是最后它还是要退出历史的舞台。

的检验和测试有10次,单就一些零部件进行检测的仪器就有700种,它们都可达到百分之一厘米的精确度。子弹的制造者把一层如同镍合金的金属涂抹在子弹的表面,目的就是为了预防子弹被落到地上后发生变形。当人体受到一种叫做蘑菇的铅弹射击后,伤口会变得十分严重。这种子弹现在已经被日内瓦公约禁用了。

中世纪的机关炮我们已经讲过了。格林博士是首支现代机枪的发明者,这种机枪曾在1862～1865年的美国南北战争中使用过。它的中间轴上固定着10根枪管,转换发射时要用手来摇动,装填子弹都是自动的,它的射击速度可以达到每分钟1000发。机关枪的发展经历了格林、加德纳、诺顿福特,以及哈乞开斯,柯尔特式和马克沁式机枪是在19世纪90年代出现的。美国人西拉姆·马克沁发明的机枪第一次采用了单管水冷的方式。马克沁多数的时间都生活在美国,并被授予了爵位。他的自动退弹和装弹是对枪管后坐力的巧妙应用。它的射击速度可以达到每分钟600发,假如真的达到这种程度,水就会被烧开。补水是在发射约1000发时。

马克沁,美国枪械专家。现代武器的基础理论就有马克沁发明的后坐力原理,另外,武器的设计和使用相统一的原理也是马克沁提出来的。

机枪是通过扳机控制的，只要射手的拇指还在扣动扳机，机枪就不会停止射击，除非弹药卡壳或者用完了。马克沁式机枪针对之前所有机枪做出了极大的改进，它可以用三脚架支撑或者在车轮上支撑。

相应的动作是根据装药的力量来控制的柯尔特枪是美国人发明的。整枝枪的重量仅有18千克，它的工作原理如同锤击抽气机里的活塞，清洁和冷却完全可以通过枪管里的气体来完成。1898年，当柯尔特枪首次在英国试验时，我记得刚刚上任的剑桥公爵也出席了。世界大战中用的机枪不下数万，并且一直在不断改进着。其中丹麦人麦德森发明的麦德林轻机枪是最好用的机枪，重量轻只是一个方面，卡壳率小才是主要的。

维克斯·马克沁机枪和刘易斯机枪是英国军队在第一次世界大战中使用的两种主要的机枪，其中正规的机枪分队用的是前者，步兵部队用的是后者，因为后者轻一些。

每分钟750发是维克斯·马克沁机枪的最高射击速度，弹药是李·梅特福的，口径为7.7毫米，这和英国步枪使用的是同一种弹药。和原始的马克沁机枪相比，它要轻一些，整体重量仅为29千克，射击距离为2285米。假如在不冷却的情况下，枪管在以每秒10发的速度连续射击时会变得发红。一个水套被马克沁安装在了机枪的周围，它里面装有4260毫升的水，这样的冷却原理极像发动机的冷却原理。每当射击完1000发子弹，里面的水就会有852毫升变为水蒸气。稍轻一些的刘易斯是种小型的机枪，只需稍一用力就可以把它拿起，和马克沁机枪不同，它是用空气冷却的。除了步兵，在应对航空器的兵种时，它的

马克沁式重机枪

美国的加特林在1861年研制出4管集束管武器，之后它又被发展为6管、10管。土俄战争中曾经使用过这种枪，它随后被马克沁式机枪替代，退出了历史的舞台。

用途都很广泛。

人们虽然一直都在进行着步枪、机枪、重武器的改造过程，可是对于大炮的改进实在是非常小，这真是件有意思的事情。铸铁前膛炮是纳尔逊的水兵和惠灵顿的部队装备的武器，为了便于填装，他们使用的是用油脂布包装的圆形炮弹。对于每一门大炮，纳尔逊都要分配8个人的小组。大炮发射后，到再次发射之间，要经历被拉回并且重新清理和装弹的过程。人们一直都在实验用黄铜、青铜、以及别的合金来替代容易裂开的铸铁，可总也没有成功。在这方面取得实质性进展的就是埃尔斯维克的阿姆斯壮，他想到的办法是把一层熟铁皮包裹在炮筒的外面，以此起到加强炮身的作用。这次的改进进步很大，可是依然比不过弗雷泽先生的意见，他是一位皇家枪炮厂的员工。1869年，铸铁的炮筒被他换成了钢制的。大炮的尺寸随之不断增大。生产于1872年重量为35吨的"伍尔维奇婴儿"是第一门有名的大炮，可是马上就有了重81吨的，最后更是达到了110吨。这是由埃尔斯维克为意大利政府制造的，有两门卖给了英国。为了进行必要的装填，在使用前膛装填的情况下，炮身就不能做得太长。这样炮弹在火药的力量尚未用完之前就已经脱离炮口了，特别浪费。炮身长度的增加是在后膛装填出现之后。16∶1是开始时"伍尔维奇婴儿"的长径比，可是50∶1是现代海军炮的长径比。话句话说，炮弹的直径达到30.5厘米，炮身的长度就要15米。

火炮的发展速度令人吃惊。在纳尔逊时代，海战时两艘军舰的开火距离是几英里；在日德兰战斗中是24千米；在第一次世界大战的巴黎战斗末期是97千米！

重达110吨的大炮。

第22章
高能炸药代替黑色火药

人类是如何获得炸药帮助的——黑火药到强棉药——坚持不懈的阿尔弗雷德·诺贝尔——立德炸药和TNT

根据史料记载,罗马的皇帝利用3万人,耗费了11年的时间才完成了连接海藻湖的沟渠,其长度不过3英里。在几个世纪之后,人们开挖哈尔茨山的矿道,耗时150年才挖出了14.5千米。另外,西班牙在17世纪时调动整个国家的实力进行墨西哥湖的排水渠工程,最后却失败了。这个任务假如让现代的工程师来做,只需几个月,最慢几年而已。这都是由于有很多种类的炸药可以被现代的工程师们应用,在以前是没有的。

说了这么多,都是为了切入下面的观点,火药虽说是应战争的目的而发明的,可是和平年代的各种建设同样离不开炸药,我们现代的公路、铁路、隧道、深矿井、码头等的建设,都要依靠炸药的帮助才可完成。

有关利用黑火药的爆破作业,人们是在17世纪时才听说的,在之后的1个世纪里,

古代火药制造流程。

它的应用并没有得到多少提高。我们把硫黄、高质量的木炭、硝酸钾或称作是硝石、按照10%、15%、75%的比例进行混合，就可以得到黑火药。既脏又冒烟的黑火药威力很小，要想增加效果，只需把颗粒做大就可以了。在发现硝化棉之前，黑火药一直是世界上唯一的炸药，这种情况持续了很长时间。

木纤维在浓硝酸的作用下会转变成爆炸物，这是H.布拉孔诺早在1832年就已经发现了。法国的发明家大仲马在几年后，打算把这样的处理方法应用到弹药纸上。这其实就是无烟纸弹药筒，只可惜，他没有取得成功。用硝酸和硫酸处理棉絮并使其转化为强棉药的正确方法，是1845年被C·F·舍恩拜发现的，他是德国的化学家。

硝化棉首先在英国被霍尔先生和费佛森姆的公司开始生产，军事专家们为此高兴不已，在他们看来，黑火药的时代即将结束了，那是在1847年。一句俗语说得好："木料堆的边上总少不了黑鬼。"用在这里就是，枪炮的膛口会被这种威力巨大的炸药炸碎。生产它时的巨大危险性也是无法避免的。费佛森姆的工厂在1847年7月发生了一次可怕的爆炸，工厂的一半全完了，还有很多人被炸死，随后的小爆炸接连发生了几次。所以对强棉药的生产不得不被迫停止，剩余的存货也被埋藏起来了。之后，人们一直都在做着进一步的实验，可是成果一点没有。一种全新的、能够把强棉药净化，并且把杂质去除的生产工艺后来被弗雷德里克·亚伯爵士发现了，他是英国的化学家，也就是后来的英国国防部化学部主任。发生爆炸的主要根源就是杂酸，假如它被去除掉，工人工作时就安全了。

与黑火药相比，硝化棉的优点是：首先和黑火药600℃的燃点相比，强棉药的仅为300℃的温度；另外炮管不会被它弄脏，因为它爆炸后是不存在什么固体残留物的，再者强棉药是无烟的，最后，潮湿的空气会使得黑火药变质，可是这样的天气对于强棉药毫无影响，甚至，它可以被保存在水下。如今被压缩成硬块的强棉药安全得很，不需要什么复杂的处理。它有十分巨大的威力，假如把一小圈强棉药挂到树上，爆炸后大树会被劈成两截，如同被巨斧砍断一样。

强棉药即便是处在潮湿的环境下通过雷管也可以引爆,所以水下采矿或者鱼雷都可以用到它。

把硝酸和甘油、硫酸等混合制成的甘油炸药出现在 1847 年。在危险性方面,起初它比强棉药还要严重,它有时仅需要轻微的震动就可以引发威力巨大的爆炸。把它和黑火药混合使用的方法是被著名的化学家阿尔弗雷德·诺贝尔改进的,可是危险的事故依然频繁,因为硝化甘油不能被黑火药全部吸收掉,但是由于它呈液体状态,能便捷地应用等,因此对于这种爆炸剂的生产一直没有停止过,最后它被停止生产,是因为一艘由汉堡开往智利的大型轮船发生了海上爆炸事件,轮船被炸成了碎片,还炸死了很多人。比利时、瑞典、英国在那场可怕的灾难后对硝化甘油的生产实行了禁止措施。对于寻找更好吸收剂的实验,诺贝尔从来没有放弃过,锯末等吸收剂都被他拿来实验过了,最后他终于发现了一种化石壳形成的硅藻土,由此混合出的就是我们现在看到的黄色炸药。虽然很

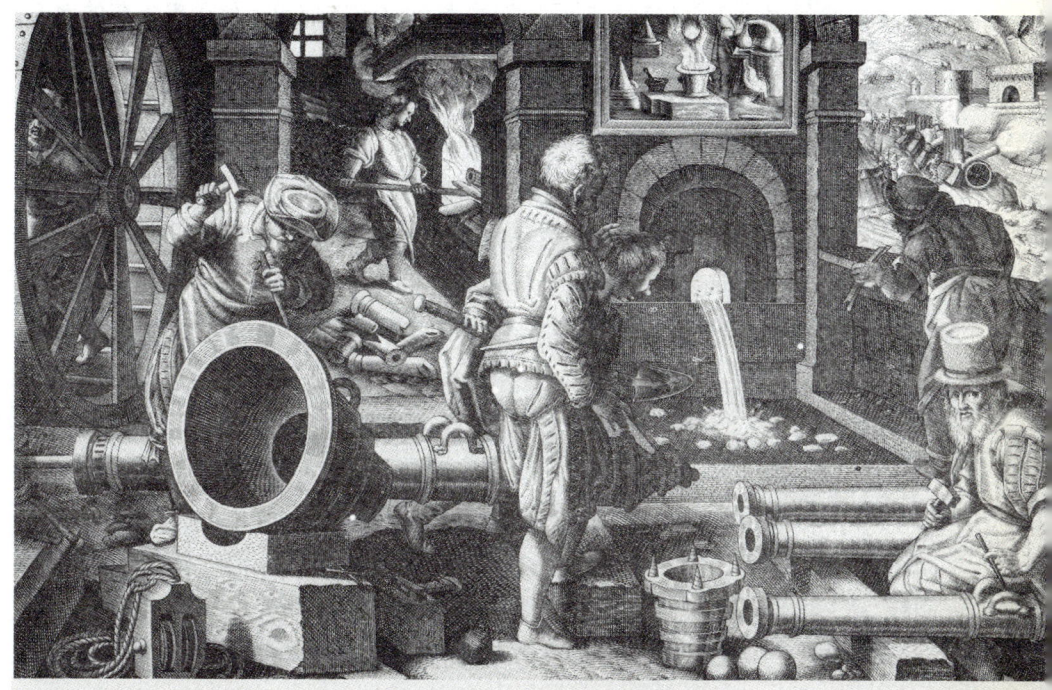

欧洲人制造火药、枪炮

阿尔弗雷德·诺贝尔，诺贝尔奖金的设立者，瑞典化学家、实业家、工程师。其中物理学、化学、医学或者生理学、文学、经济与和平是诺贝尔奖的六个领域。

多新兴且更具威力的炸药被现代化学家研制成功了，可是如今使用最广且最为安全的还是黄色炸药。

世界上黄色炸药的产量在1870年是11吨，到1890年时超过了12000吨。如今，我们在一年里使用的炸药数量，大约是过去的5倍。我们现在把一份重的硅藻土和三份重的硝化甘油混合组成了长条形的黄色炸药。这种炸药只有在引爆管的作用下才会发生爆炸，当我们用火点燃这长条时，它只是燃烧而已，人们通过计算得出它的爆炸速度大约是24000分之一秒，这是相当快的。它被用于水下时，威力不过是稍逊一点而已，因此，对海里的岩石和暗礁进行爆破时经常使用到它。

黄色火药在使用时不需要在岩石上打孔，只要在需要爆破的岩石上放好它之后再用泥土覆盖好就可以了，这是黄色火药在使用上优于黑火药的地方。随后，岩石会在它向下的威力下被炸得粉碎。由于岩石会被它炸成粉末，所以采石是不能用黄色炸药的，可是它在矿业开采中的作用是相当巨大的。在制作它的过程中，安全因素仍然不可小视，在混合酸液时，保持低温还是非常重要的。在生产炸药的车间进行参观，你会看到很多用厚厚的土堤或者泥墙分隔开的小建筑物。如今对于炸药的安全生产和运输，所有的国家都有十分严厉的规定。

除了黄色炸药、另外还有白明胶、胶质黄色炸药、葛里炸药等，都是诺贝尔发明的，对于采矿业，可能后面的两种更为适合。正是有了白明胶的帮助，对于有着坚硬岩石的圣哥达铁路隧道的开采才能顺利完成。炮管在实验爆破白明胶时被炸坏了，于是，诺贝尔开始对同样干净、无烟只是威力相对较小的炸药进行研制。最终，一种燃烧较慢的炸药——无烟火药（baistite）研制成功了，这是硝化甘油和强棉药混合的结果。全世界都被诺贝尔这次公布的炸药震惊了。

体质虚弱的诺贝尔在意志力和勇气方面都十分惊人。太多的不幸在他开始研制炸药的时候都——被他经历了，工厂爆炸，工人产生恐惧不愿意受雇于他，弟弟被炸死，父亲身体瘫痪，对于他进行的实验，母亲深情地恳请他放弃。他的头部受到硝化甘油烟雾毒素的影响总是产生剧烈的疼痛，

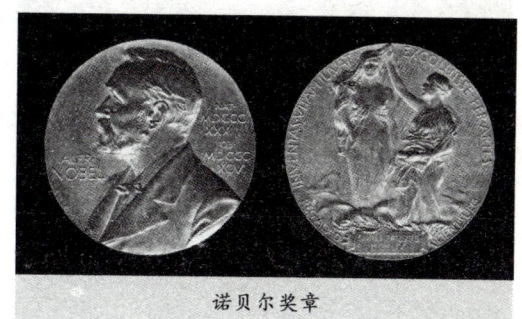

诺贝尔奖章

在实验的矿山上，在采石场的地面上，人们时常看到他被疼痛折磨倒地的身影。对于危险，他不允许工人去尝试，却不顾自己的安危。一次，一个大木桶里粘住了一些黄色炸药，没人敢靠上近前，最终是他爬过去慢慢把炸药挖了出来。

付出就会有回报，成功和财富最后全都被他抓住了。依照他的遗嘱，除了给亲戚朋友的外，其余200万斯特林的金钱被他设立了诺贝尔奖，对每年在物理、化学、医学、文学、经济等领域以及为和平做出特别贡献的人实施奖励。从1896年诺贝尔去世后，这种奖励每年一次，它不分国家，不分种族，不分男女。诺贝尔将如同这项奖励一样，永远铭记在人们心中。

近些年，一种由氮的化合物和苯酚混合反应生成的苦味酸成为了人们研究炸药的重点。一种由苦味酸和强棉药混合成的麦宁炸药在1885年由法国人研制成功了。立德炸药是英国人研制成功的，并且在苏丹战役和布尔战争中得到应用。人们做了很多的实验，就是为了要在枪炮上找到应用黄色炸药的方法，美国曾经把黄色炸药应用于空投鱼雷和一种用于发射大口径炮弹的大型气枪。在美西战争中就曾使用过一两门，可是并没有推广开来，因为机器笨重行动迟缓，且发射距离太近了，不足1英里。而装填无烟火药或者立德炸药的线膛炮弹被人们广泛使用。

如今最著名的就是立德炸药，和麦宁炸药很像，最先使用的是法国，之后日本也将其作为主要的炸药。苦味酸和凡士林的简单混合就是立德炸药，这种炸药威力巨大，并且带有剧毒。硝酸、硫酸、碳酸的混合在一起可生成苦味酸，

立德炸药的威力更加巨大、爆炸性更加强烈、安全度更高、用途更加广泛。各种炸药不断被各个国家的科学家研制成功。除了军事领域，别的领域同样在广泛应用着炸药。

它是煤焦油分馏出的一种产品。立德炸药虽有许多优点，同样具有缺点。它非常稳定，在跌落和随意乱扔的情况下也不会发生爆炸，把它在开阔的空间点燃同样十分安全。只有在受到强有力雷管的作用下它才会发生爆炸，这些都是它的优点。而在遇到湿气时，别的金属会被这种强酸腐蚀，从而产生具有爆炸性的混合气体，引发危险。

人们常说的三硝基甲苯（TNT）是在第一次世界大战使用得最多的炸药。TNT的威力略小于立德炸药，可它不是酸性的，因此可以放心地储藏。水和空气都不会影响到它，引爆极不容易，哪怕是被一颗步枪子弹穿过都不会发生爆炸。TNT最先是被德国人使用，之后是英国等协约国使用，开矿、反潜、制造深水炸弹等经常会用到它。

第 23 章
电 影

什么欺骗了人类的眼睛——摸黑前进——赛璐珞胶卷——科学和工业上开始应用电影放映机

在现代的所有发明中,记录内容最多的就要数电影了,它是最具浪漫色彩的发明,可以和它一较高下的只有无线电。短短 40 年的发展历史,如今电影却成为了雇佣劳动者最多,投资最多,吸引人力最多,最能给人带来欢乐的行业了。可是它的原理却非常简单,那就是人的眼睛被欺骗的原理,也就是视觉暂留,真的令人难以想象。

让我来为大家解释一下。哪怕是仅有百万分之一秒的电火花,都逃不过人类眼睛的捕捉,可见人眼对光的敏感程度。可是眼睛抹掉图像的速度却十分迟缓,并不像它接受图像来得这般突然。说一种比较常见的现象,把木棍的一端烧焦,使其发热发

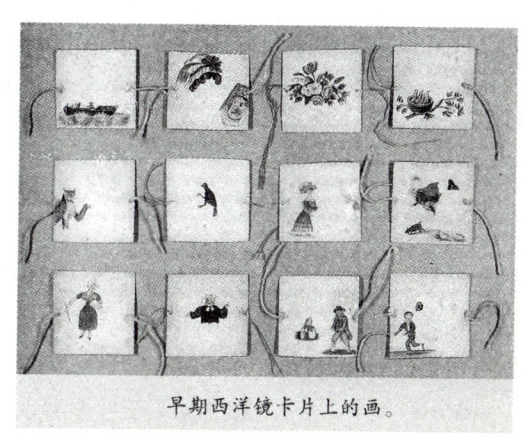

早期西洋镜卡片上的画。

光,之后拿着木棍在你的眼前来回晃动,就好像有圈火焰在你的眼前。还有一个例子是,每当天空里有高速的流星划过时,在我们看来就好像是流星带着个发光的尾巴似的。对于这种欺骗,人类在很久以前就已经认识到了,可是对这种欺骗进行利用却是以后才有的事情。

一种被称作是西洋镜的小玩具在1825年被人发明了。在同一张卡片的两面分别画上一匹马和一个骑马者。当悬挂卡片的绳子飞快地转动时,展现在人眼前的就是有个人骑在马背上的情景,这就是视觉欺骗。另外的一种西洋镜在1860年又被人发明出来。它是利用一个圆盒子带动一个上面有12张或者15张图片的带子,图片的内容大概是一个正在跳跃的孩子或是正在玩三个球的男子。把两个口子开在盒子的两边,通过这个口子,我们的眼睛每次可以看到一张图片,最后映入我们眼帘的将会是一个连续跳绳的小女孩或不停打球的男子。雷诺在1877年又发明了活动视镜,它的区别就在于带子上的图片被他利用一组镜子来反射,不过这仍然是种玩具。

有大量的观众被1892年雷诺在巴黎的光学剧院吸引了,那其实是对实践镜的改进。他请艺术家把费利克斯型的图片画到了宽45米,长度为30~100米的透明带子上,之后缠在桌子上的卷轴装置上。后面放上一个幻灯机的聚光器,并使其照亮图片,旋转镜通过一个镜头反射图片。这样,观众就可以看到被投射在白色的棉质银幕上的图片。图片里人物活动或者打斗的背景是通过另一个幻灯机投射的。

费城是电影的诞生地,亨利·亨尔在1870年把一对正在跳华尔兹舞的舞伴搬上了荧屏。后来又有一个展示飞奔的骏马的电影在1872年被制作成功。一种对动物的运动进行放映的设备在1881年被爱德沃德·迈布里奇展示在了巴黎电学展览会,这种机器可以把12~30张的图片在一秒钟内播放完。与此同时,在短时间里找出照片成为了一件很容易的事情,这完全要感谢快速干片的

爱德沃德·迈布里奇

出现。动画片就是在这样的基础上建立起来的。同时,法国的卢米埃尔兄弟和马瑞、英国的福瑞斯·格林先生,以及美国、德国的一些科研工作者,都为电影的发展做出了许许多多的努力。

伦敦摄影协会在1885年正式举办了一次普通会议,一个像是幻灯机的发明被他们摆放到了桌子正中,不过固定幻灯片的不是盒子,而是玻璃盘,里面有很多的透明小图片,它们都是连续排列的,这些可以通过对着光源时看到。这些连续的图片会在灯光暗下来之后被展示在银幕上,这些场景都是人们在现实生活中经常看到的。仅仅几秒钟的展示,却震惊了在场

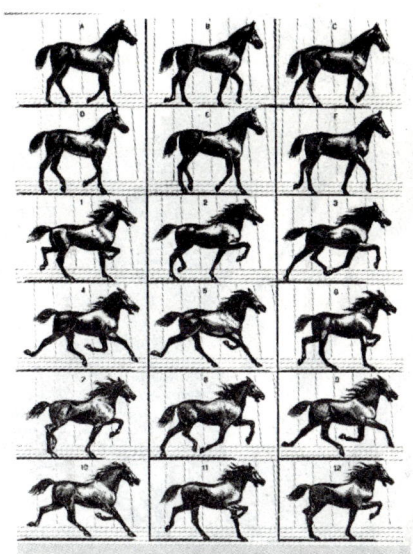

爱德沃德·迈布里奇在1878年第一次成功拍摄出了马儿在奔跑时的一系列动作,这才使得人们看清了马儿奔跑时的真实情景,这是之前从来没有过的事情,之前画家都是在依靠自己不太正确的想象而已。

的所有人,人们在好长一段时间里都没有回过神来。各种各样的问题随之被人们提了出来。

著名的肖像摄影师福瑞斯·格林,就是这个发明的展示者,他十分年轻,经营的一个工作室就在伦敦西区。他对这项发明研究了很多年,一经展出就获得了巨大的成功。由于当时根本就没有赛璐珞胶卷,所以他的困难无法想象,至于甲氨基酚对苯二酚也是后来才发明的。所有的重大发明都是开始于十分微小的事情,格林的发明同样如此,我们都很清楚这一点。他在一天晚上使用幻灯机时,向机器里放两张搞笑的照片时速度有些快了。两张都是一个男人的脸,区别在于一个是熟睡的,一个瞪着眼睛的。照片被格林来回快速地移动,他闭上一只眼睛对其进行了观察,一个如同真实的动作就出现在他的眼前,他马上想到如果使一系列图片快速地通过幻灯机镜头,人们就会看到动态的情景而非静态的图片了。

电影终于从一种新奇的玩具发展成为一门艺术。

在摄影学会展示完自己的发明后,格林的研究依然没有停下来。新的设备在几年后被他展示在了伦敦皮卡迪利大街的工作室橱窗里。仅仅半个小时,整个街道上都挤满了人群,为了可以一睹这个新的摄影设备,人们几乎都要发生争斗了。其实,就是一些在大理石拱门那里来回走动的人被拍摄成了照片,很普通,没什么别致的地方。由于展示严重地阻碍了皮卡迪利大街的交通,警察不得不强制令摄影师把橱窗关闭了。

格林被好多的科学学会邀请去对自己的新发明进行展示,可是这台电影放映机在英国很长一段的时间里都没有得到具体的试用推广,仅仅是个玩具而已。笨重并且特别易碎的玻璃盘一直在阻碍着它向前进步。通过研究发现,只有在每秒曝光16张照片时,放映的效果最佳,可是这样的想法在沉重的玻璃盘上根本无法实现。于是,寻找玻璃盘的替代品成了格林接下来的工作重点,这就好比是寻找电灯灯丝的爱迪生一样,他踏上了漫漫征程。为了对这种材料进行寻找,格林耗费了大量的时间和金钱,赛璐珞是他在对白明胶薄片和其他各种柔韧性材料进行试验后得到的最好结果。

赛璐珞,起初被称作是帕克斯,它是伯明翰的亚历山大·帕克斯先生于1856年发明的,它是通过把樟脑、强棉药、或别的物质混合在一起生成的物质。它可以和牛羊角、象牙、龟壳等制作得非常相像,可以雕刻、刨平以及弯曲,唯独不可以成形或压缩成任意的形状。另外,不论在什么样的空气和水的条件下,它的弹性都不会受到任何影响。它的用途有上千种,例如做成梳子、钢琴键、纽扣、撞球、名片盒、刷背、餐巾环，以及别的生活用品，另外还可以把它做成亚麻布的样子，或者染成珊瑚的颜色，或者缝制在衬衣或者衣领的前襟。

柔软、耐用并且可以做成胶卷状的赛璐珞非常适合格林先生的需要，很小的罗盘就可以盛放下卷好的它。怎样把赛璐珞放入照相机，并且在极短的时间里跟随快门而移动，这些又成了格林下面研究的重点。这项难题最终被发明家克服了，他再次举行了一个真正的展览会。可是在这之前，他先是应邀参加了一个学术团体的演讲，把系列图片储存在一个长长的胶卷上的想法说了出来，当然他并没有说出，对这个问题，自己已经掌握了解决方法。结果，一个团体的成员就在他的演讲刚刚结束时，立刻站起来对他论点进行了一系列的驳斥。这个成员说，格林的话都是在说谎，这样的照相方法根本就不会有人发明出来，这所有的一切根本就是一个神话故事。格林不得不把自己的胶卷拿出来给大家看，因为他实在不想浪费更多的时间。那个团体成员在看到结果后，马上变得哑口无言，感到无地自容。

格林和他发明的电影拍摄机

格林进行第一次电影演示是在 1890 年。爱迪生在 1887 年想利用类似留声机原理的方法来制作电影片，但是最后没有取得成功。一个上面印了一行小照片的赛璐珞被他缠绕在了圆柱上。之后又换成类似于格林展示的方法。一种以自动售卖机工作形式出现的小型西洋镜放映机，在 1893 年被爱迪生展示在了芝加哥的世界博览会上。随后爱迪生对活动电影放映机进行了改进，在赛璐珞上印制的图片每张仅有邮票大小，播放速度至少达到每秒 46 张。可是按照 F·A·塔尔博特先生的意思，发明电影的荣誉最后落到了以制作科学仪表而著称的 R·W·保罗先生身上，因为爱迪生并没有获得英国活动电影放映机的专利权。一个小故事是这样说的：1895 年，一个警察正在巡夜，忽然听到有哭声从哈顿花园里传出来，他认为是有凶险发生，所以一边呼喊，一边向里冲，最后才弄清楚原来是保罗先生正在为一群人播放电影，还不时有阵阵的掌声。

电影的发明和别的发明是一样的，它不是一个人的工作，而是一群人的工作，他们的思路虽说不一致，却有着相同的目标。伦敦第一次公开的电影展览是在1896年，但是展出的是法国里昂的卢米埃尔兄弟。之后，人们陆续拿走了和电影有关的各种专利。

对于电影艺术贡献最大就是C·弗朗西斯·詹金斯，他是印第安纳州里士满人，把胶卷从一个转盘旋转到另一个转盘的马达就是被他发明的。他还研究如何利用无线电来发送电影的问题，据说已经可以对静止的图片进行发送了。

现在的电影放映机其实质就是旧时的幻灯机，不过胶卷换成了窄的，并且为了方便和放映机上的齿轮咬合，便于被带过机器，胶卷的两边都有孔。一个和胶卷连接的圆盘被放在了幻灯机的前面，圆盘不停地转动并准确地把每个片段拉到位，胶片的后面有道光用来向银屏上投放图像。

电影《君在何处》宣传画报。

电影院在19世纪不断地增多，这是一个十分显著的特点，到不列颠群岛去看电影的人数每周都要在2000万人以上，这个数目在北美还要增加不止一倍。电影院和剧场不仅仅是建设在了城镇，还建在村庄，新开业的电影院几乎每天都有，这之后大量的财富蜂拥而至。我只需说一个问题，意大利在很多年前把著名的小说《君在何处》拍摄成了电影，这是一部真正的大片，它是在罗马举行的首映。后来这部电影在美国的放映权被美国人查尔斯·克莱因买断了，这个人马上在芝加哥建设了一个拥有4000个座位的电影院。电影院被建好后每次都挤满了人，克莱因只用了一个周末就赚到了5000美元，这个数字在一年后就变成了50万美元。

早期手摇式放映机

电影里的一些犯罪场景在有些人的眼里被认为是有害的，确实是如此。可是对于它的教育意义我们也不能完全否认。就拿一部和珠穆朗玛峰有关的片子来说吧，山峰的巍峨和生活在那里的人们的生活面貌都生动地展示在了世人眼前。你不必起身就可以对陆地和航海进行观光，"体验"热带的沼泽和冰雪覆盖的南极。你可以通过电影，和现实中的人、动物，以及地球上所有角落的美丽景色发生"接触"。

有关任何同疾病作斗争的知识，我们可以从电影中学到，例如对肺病的治疗方法，对牙齿的保健知识等宣传片。另外有关安全地通过人群密集的街道和上下车的方法，也可以通过有关的电影片来进行了解。再者，有关对家蝇的防治，以及有关手术室的秘密等都可以通过电影来了解。通过电影，我们还可以对飞行的子弹如何穿透肥皂泡进行观察。我们通过这些精彩的瞬间画面了解到，肥皂泡被子弹刚刚接触到时，它还是完整的，它的破裂是在子弹离开时。我们应当明白一点，要对一颗飞行的子弹进行拍摄，就要在十分之一秒内曝光500次。

我们可以把高速拍摄的照片利用放映机低速地播放出来。这样，一个正在

早期电影拍摄及放映图

从篱笆上跳跃的男子的影像，经过电影的慢放就如同一个轻盈的蓟花冠毛一样，缓慢地在空气中飘过。或者一个正在打高尔夫球的人挥杆时的动作，经过电影的慢放，他挥杆的时间将是现实中打球时间的 10 倍，结果对于他所有的动作，我们都会看得十分详细，这样我们可以很容易地发现其中错误的地方。

相传，一段 15 分钟的电影，西点军校的学生对它的理解程度要远远胜过对老师关于炸弹制作的一节课的讲解。

可是，高速摄影机的应用价值主要体现在工业应用中。例如，工厂的管理者对于正在组装卡车的工人或者运行的机器进行观察，可以通过高速摄影机的帮助，很轻松地找到操作不正确的地方，以及多余的工作环节。这样可以更好地帮助员工改正错误，更加轻松地工作，提高工作效率。高速摄影机虽说是刚开始研究出的成果，可是工业生产已经从中受益匪浅。

第24章
无线电报

在马可尼之前研究的人——发明者是个学生——马可尼的首根天线——访问英国——大西洋上穿过的第一个信号——对未来,马可尼充满信心

为了纪念詹姆士·波曼·林德斯,一块方尖的石碑被立在了英国的敦提,敦提是他去世的城市,当时是1862年6月29日。这样的一段话被雕刻在了石碑上:"在电学方面,他是一位先驱者;他对电将应用于照明、替代煤炭燃烧、替代蒸汽动力作用做出了预言;电报就是由他在1832年设计的;电焊是他提出来的,耐用的电灯是他在1835年制作的;水线电报是他在1843年提出来的;穿越海洋的无线电报是他在1853年实现的。"

林德斯之所以不能被当时的人们接受,是由于他是超越了时代的伟人。根据记载,不需要电线的电报系统是他发明设计的,不仅如此,一篇有关在英美之间发射无线电的论文被他在1859年英国的学会上做了宣读。直到30年后,赫兹教授才发现了无线电波。

詹姆斯·波曼·林德斯

图为列出了电磁基本定律的四元方程式而被人们所了解的英国伟大的物理学家詹姆斯·克拉克·麦克斯韦。

克拉克·麦克斯韦是继林德斯之后的另一位无线电研究人员,他的与光速相同的电磁波可以用来发送无线电波的论断,后来被证明是正确的。在离开通电线圈一段距离后,麦克风可以对电话机的声音进行复制的现象是1879年被D·休斯教授发现的。

著名的英国电学家威廉·普里斯爵士于1885年,在两个距离402米的正方形绝缘线圈之间进行了电流传递实验。1886年,他的实验是在两根距离7.2千米的平行电报线之间传送信号。赫兹在1887年在这方面有了重大发现,无线电信号是他利用释放莱顿瓶电量的方法下穿过一个大房子,使得另外一条电线发生了共鸣现象,而经过调节,它上面的电特性和第一条电线上的一样。在赫兹1895年去世后的几个月,奥利弗·洛奇爵士把凭借赫兹送出的无线电波消息的实验演示到了皇家学会的会议上,他的信号可以穿过会议室,他的探测器和接收器使用的是法国电学家布兰利发明的粉末检波器。

无线电波因此引起了科学界极大的兴趣,对于它即将为我们日常生活带来翻天覆地的变化,普通人当然无法了解。最终,塞纳特·马

马可尼(1874~1937年)意大利人,发明家、工程师,他在博洛尼亚大学学习期间取得了成功的电磁波实验,当时距离是2千米,1909年荣获了诺贝尔物理学奖,当时一同获奖的还有布劳恩。

可尼获得了无线电发明的荣誉,他真不愧为无线电领域的爱迪生。可是对于1892年在距离5.6千米的威尔士海岸和霍尔姆岛之间建立联系的威廉·普里斯爵士,我们同样不可以忘记。我们应当清楚地知道马可尼的成功是建立在泼里斯、赫兹,以及所有对此进行研究的先驱者之上的。当然,布兰利的粉末检波器在其中功不可没。粉末检波器其实就是探测电磁波的专用机器,通过它人们可以更好地利用电磁波。它的原理其实特别简单,把一些金属粉末放在一

有线电报在那个时候已经发展起来了,但是使用区域受到了很大限制,并且耗费的人力物力巨大,弊端不少,就这样,新的传送信号方式急待研究。无线电报由此而生。

个很细的玻璃试管里,然后连同电铃连接到一个电回路中,只是电流太弱了,因为这是电池提供的,所以电铃不可能被敲响。可是当金属粉末遇到赫兹振荡器发出的电磁波时就会紧密地靠在一起,使电阻变小从而使电流增大敲响电铃。

1886年就在赫兹教授风风火火地进行自己伟大的实验时,对电学兴趣浓厚的马可尼才12岁,他出生在1874年4月25日。里希教授当时对赫兹的实验特别关注,并且把必要的装置都制作了出来,还在自己的学生面前演示了一次,这或许正是马可尼幸运的地方,因为他就是这些学生中的一员。痴迷于此的马可尼梦想着自己可以把无线电报系统发明成功。两根简单地裹了锡纸的粗糙天线被分别地竖立在父亲的后花园的两边,当时的他不过14岁。他的信号可以传播91米,发射装置是由一个火花间隙共鸣器、一根发射天线组成的一端接感应线圈,另一端接地。

能做到这些,对于一个男孩来说已经很不容易了,可是在马可尼的心中,还有更多的事情等待着处理,对于这些前人已经做过的工作只是个开始。随后,他又把自己的共鸣器换成是经过自己精心改装的粉末检波器。历经多次试验,里面的粉末被他换成了镍粉末和银粉末,并且试管口是用银塞子密封的。使振动粉末自动散开的自动敲击装置也被他发明成功了。之后便是既可发送又可接

收,并且通信距离更远的装置。

马可尼在尚未成人之前就已经可以把莫尔斯电码发送到几英里远的地方了。马可尼在 21 岁时,决定带着自己的发明去英国做演示。对于这项发明一直在不懈努力的威廉·泼里斯爵士给予他极大的帮助,最终,伦敦邮政总局允许马可尼架设他的设备。这样的赞许是大家都乐意听到的。对于马可尼传送的信号,哪怕是再厚实的墙壁都无法阻挡,这真的是太令人惊讶了。

马可尼是第一个成功申请到无线电专利的人,当时好多人都以自己比马可尼研究得早而表示反对,那是 1896 年的事情。马可尼却没有多余的时间来理会这些,工作仍然在紧张地进行着。可以传送 32 千米的新实验是在 1897 年完成的,当时是在索尔兹伯里平原,信息被他成功地跨越了布里斯托尔海峡。博内茅斯是个普尔港和大海之间的半岛港口,马可尼在 1899 年把它和怀特岛的艾勒姆海湾建立了无线电联系。一根天线被他竖立在半岛港口的宾馆地上,充满好奇眼神的年轻人随处可见。无线电在当时的发展速度是惊人的,马可尼的名字被写进了各种论文。跨越英吉利海峡的通信是在 1899 年被马可尼建立起来的。随后,一艘失事的船只被这种无线电挽救了。这就如一则现实的广告,使得世界上的人们很快认识了这个新发明。

马可尼的新发明马上引起了英国海军的注意,他因此得到了英国海军 2 万英镑无线电使用费,因此特别高兴。随后商业界把马可尼的设备安装到了驶离肯特海岸线的东古德温灯塔上。马可尼以与众不同的速度积累起财富。可是这并不表示他就没有遇到困难,其实也有十分强烈的反对声音。就如同当年对飞行发明的先驱们的讥讽和冷漠一样,人们对他提出的无线电可以跨越大西洋进行传播的说法也是嘲讽不断。那个时候的科学界也有着一些反对意见,认为在超出地球的弯曲程度以后,无线电波就无法再进行传播了。通过反射光线、日光反射器,以及一些可视信号,可以避免在太长的距离上发送信号。通过直线传播的无线电信号会散射到太空中,并最终消失,这是大多数人的看法。可是凭借里斯德和怀特岛的圣凯瑟琳之间在地球弯曲的情况下天线只用了 91.5 米而不是理论的 1.6 千米，通信依然良好，马可尼认为上面的说法是不正确的。

马可尼对于穿越大西洋发送信号的想法始终坚信不疑，从一开始就是这样的，他发誓一定要为自己的观点找出证据，无论前面会遇到多么大的困难。他把工作地点选择在了南康沃尔的波尔杜，对于传送信号这里是个不错的选择。他的工作站开始建设是在 1900 年末，J·A·弗莱明是他的主要助手。工作站在同年的 11 月建设成功。有 20 个高度为 64 米的天线塔矗立在工作站内，它们的用电量相当于 300 个白炽灯的工作用电。波长为 322 米，频率为 800 千赫兹的电波被天线塔不断地发射出去。马可尼说通过这套设备，3381 千米的地方都可以收到自己的电波，对于他说的话，却没有几个人相信。可是他依然坚持不懈地努力地着。

马可尼和他的两个助手佩奇、开姆普于 1901 年 12 月 6 日，秘密来到了纽芬兰的圣约翰地区。他们在此之前谎称自己只是给正在穿行大西洋的蒸汽船发送信息，因此没有人知道他们的真实目的。经过三天的努力，他的准备工作做好了，这里很适合建设接收塔，可是他先是用风筝把天线升了起来。一个利用绸缎和竹子制作出的大风筝在 12 月 10 日被他们升了起来。但是最终电线被吹断了，风筝被吹到了大海里，因为那天的风太大了。之后，马可尼用一个直径 4.27 米的氢气球，替代了原来的风筝，在一个有雾的天气里升了起来。电线被他拉伸到了极限，可是这个氢气球最终自己断开电线独自飞走了。第二天天气变得很坏，风筝没有再放，直到 12 月 12 日，星期四，风筝在这天被马可尼和助手们放飞到了高 122 米的地方。三个人还曾和突然来的大风作了一番搏斗，可是最后还是掌握住了风筝。终于，实验的最后的一项准备工作彻底完成，电线被送到了位置。

马可尼帮助工作人员提高风筝

早期限无线电报发射、放大、中转及其接收装置

马可尼在来纽芬兰之前就告诉在英国守候的助手,一旦收到自己的海底电报——完成准备,就马上发送莫尔斯码的"S"。此刻,他把下午3点到6点发送信号的命令通过海底电报发送给了波尔杜。马可尼在中午就开始坐在了信号山老兵营里的一个房间里,把听筒放到了耳朵边,等待信号。那天的天气阴暗寒冷,91.5米深的悬崖下,突如其来的狂风推动着巨浪不断对岸边拍打着。经过了半个小时的寂静阶段,总算有一个如同电报键敲击粉末检波器发出的"嘀嗒"声充满整个房间。信息是有了,但这不是事先商量好的。听了好一会,马可尼把听筒传给了助手开姆普,让他听听试试,看是否可以确定听到的内容。康沃尔传来的代表字母"S"的三声"嘀嗒"声虽说微弱,可是依然清晰。虽说外面风浪很大,天线的高度不够,可是传送的信号依然不断,之后的两天依然如此。可是,为了谨慎,马可尼和助手们还是决定把这一消息公布给新闻界的时间定于星期天。马可尼的成功被纽芬兰的行政长官卡文迪什·波义耳直接报告给了爱德华国王。由于马可尼的成功会对海底电报产生影响,所以纽芬兰专营海底电报的公司警告马可尼,不要在自己的领域内继续试验了。

一篇"早于我们生活的时代"的文章,刊登在了1901年12月17日的伦敦报纸上。这篇文章生动地描述了马可尼的无线电跨越大西洋成功的消息被有线电报公司了解到以后的反应,一位对水下电报有着 50 年工作经验的大公司老总说:"这一定不是真的!不稳定的电流在马可尼的实验中是十分容易出错的。他收到的莫尔斯码或者是个假象复制品而已,这完全是由于接地电流引起的,在发射动作的同时会产生复制品,这就是形同 S 的三个点。不论真假,我都不会相信。他的系统稳定性太差,出错率太高了,绝不会有什么商业价值。"如此的评论、阻力数不胜数,可是马可尼依然坚持着。一套接收设备又被他安装在了"费城"号轮船上。他于 1902 年 2 月和这艘船一起出海了。

　　报务员在他离开波尔杜之前就接到了指示,在他一周的航行时间里,信号要一直发送着,并且要按照一定的规则和时间。操作原本是在第二天的 6 点开始,可是他们的发送提前了一个小时,经历 10 分钟的消息和信号发送时间,后面就是 5 分钟的休眠,如此循环往复不断。为了使接受时间变得精准,误差控制在 1 秒钟内,他们不断地调整船上的时间,格林尼治时间是他们共同的标准。马可尼的实验小组占用了费城号上四个特等客舱中的一个,接受设备就放在这个客舱中的桌子上。这一特例后来被推广到了所有横穿大西洋的船只上面,可是发送的半径仅为 241.5 千米。地线就是一根从船舱的舷窗出来之后被固定在船外的电线。高 46 米的桅杆成了他架设天线的地方,他在上面架设了四根平

室外信号塔,这是无线电报缺少不了的东西。

行的电线。

费城号的起航时间是星期六的晚上,马可尼在第二天早上就收到了波尔杜发来的消息,它可以轻松地传递403千米的距离。操作室的麦斯登长官十分清楚地听到了"一切正常"的嘀嗒声,那个时候距离波尔杜是805千米。这件事情震惊了麦斯登长官,他马上把这个令人振奋的消息告诉了外面的其他官员们。

那些官员们没有人相信麦斯登的话。

麦斯登也不作更多的解释,说:"大家可以自己去看一看吗!"

人们在第二天都来到了操作室。一卷带子被马肯尼拿在手里,随后白色的条带被拉了出来,"哒哒哒"地面对一张张惊讶的表情。马可尼微笑着解释说:"它来了。"相隔近千英里的电波被清晰地传送过来,之后被记录在带子上。消息每一天都会按时到达。当船和波尔杜相距2497千米时,10分钟的电波传送依然没有间断过,这些都被马可尼和一旁的船长看在眼里。在距离为3397千米时,费城号收到了最后一条消息。可是马可尼一点也不慌张,并且十分镇定地说:"我们设计的设备工作距离是3381千米,出现这样现象是特别正常的。"

电波不但可以跨越水面,同样可以跨越陆地,这一点是马可尼在1902年发

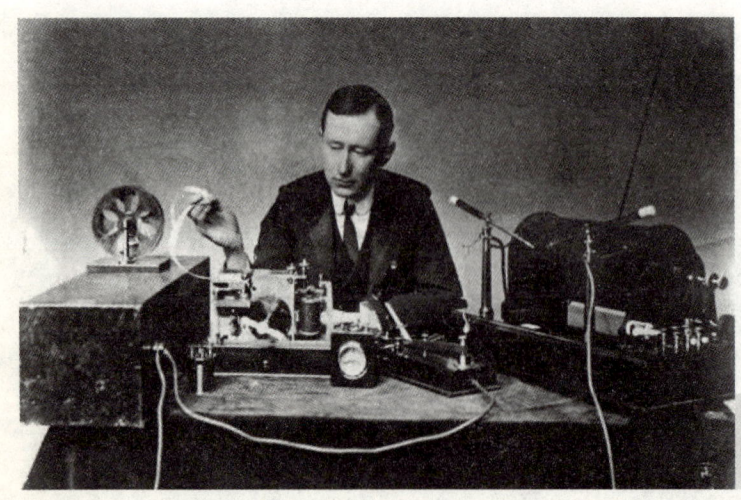

正在对无线发报机进行改进的马可尼。

现的,当时他正在借用来的意大利军舰上在北海巡航。电波居然跨越了整个法国和高耸的阿尔卑斯山。1902 年秋,加拿大新斯科舍省的格雷斯湾正在建设一座基站,马可尼专程去了那里,跨越大西洋的无线通信在年底成功建设完成了,有很多的长消息被发送和接收了。马可尼在 12 月 19 日发送给伦敦白金汉宫的诺里斯亲王是第一条消息:

我现在是在加拿大,利用一种全新的跨越大西洋的无线通信技术向国王陛下表达衷心的问候。

G·马可尼,发于格雷斯湾

回复内容如下:

仅受爱德华七世国王陛下的重托回复远在加拿大的马可尼先生,你的电报已经被我转交了国王陛下,他特令我把他的衷心祝福转达给马可尼先生,并对你在此项发明付出的艰辛努力和取得的巨大成果表示赞赏。陛下对你的发明十分感兴趣,对于你在 1898 年向他推荐安装无线电的情形,他记忆犹新。

诺里斯

无线电报自 1902 年以后进入了高速发展期,无线电话在 1913 年也开始发展起来,可是这里我们不再多说。世界上迄今为止最大的无线电基站就建设在拉格比附近的哈来莫顿,那是在 1924~1925 年建设的。重量在 300 吨,

四处林立的信号塔从此进入人们的生活。

高度相当于两个圣·保罗大教堂的高度，820英尺，这样的铁塔有12座。铁塔内部可容纳4人的电梯是天线安装成功的重要基础。全球的所有地方都在这个基站的覆盖范围，它的新天线宽度是1英里，长1.5英里。

  发明家活着的时候几乎都没有机会看到自己的发明逐渐走向成熟，这似乎是个不争的事实。但是马可尼的发明开始在自己还是个孩子的时候，当大多数同龄人都在大学里学习的时候，马可尼的名字已经传遍了世界，他的发明肯定会在之后的发展中取得更大的成功。马可尼的一次会见谈话被刊登在了1922年3月的《伦敦杂质》上："不出20年，人类的语音将会转变成以太波的形式挤满在神秘而又普遍的以太[①]介质上，人们可以十分轻松地和远在澳大利亚的朋友窃窃私语。"

---

  ①以太：是古希腊哲学家亚里士多德设想的一种物质，为五元素之一。19世纪时，物理学家认为它是一种电磁波的传播媒质。后被证实"以太"不存在，"以太理论"也被科学界抛弃。

第25章
无线电话

热阴极电子管——广播——光系统——对无线电的新应用

  拉布拉多地区应当说是生活条件最差,地域最为偏僻的地方了。那里的海岸线,总是弥漫着大雾,遍布着冰川,以及令人胆寒的暴风雪天气。一年之中的八个月都要被厚厚的冰雪覆盖,下面也只有岩石、森林、沼泽而已。耐寒的渔民生活在那里的沿海地区,文明对于他们而言,根本就是从未见过的东西。一套无线电设备在1923年被安装在了这里的一个小渔村,之后一个头发花白的老渔夫被邀请来收听无线电信号。正在加拿大城市里演奏的管弦乐经过几百英里的无线电传输来到了这里。人们都希望在这个从未接触过管弦乐的老人身上看到他充满惊奇的神情。可是你们绝对想象不到,这位老渔夫在放下电话后,大喊着:"有魔鬼!有人在施魔法!"嗯!对于这个离奇神秘的无线电发明,或许这位老人说出的魔法也不为过错。人的声音被它传送了数百万平方千米,跨越了海洋和大陆,传送和接收都是即时的,这些话语竟像是在耳边说过的一样。人类被这个巨大的成就深深

弗雷德里克·柯斯林的无线电话设备。

正在对无线电话改进进行讨论的弗莱明博士和李·德福雷斯特博士。

诱惑了,这可能正是无线电话比无线电报发展快的根源所在。

其实,两种发明在年代上的差距并不是很大,不像是人们认为的那样。首次无线电话的实验是在1899年由宾夕法尼亚州那伯斯市的A·弗雷德里克·柯斯林进行的,人的声音被他成功地传送到了三栋建筑物之外。跨越莫奈海峡的无线信号实验是在1899年晚些时候进行的,当时使用的都是用于普通电话的发射机和接收机。之后,塞姆林(Cemlyn)的海岸警卫站和斯凯里斯岛之间的通信在人们看来是十分有必要的,可是电缆无法被放入水流湍急并且海底粗糙的海峡底部。结果,他们把两条长度分别为685.5米和4.8千米的电线铺设在了斯克瑞司岛和海岛对面的大陆上。它们之间距离为4.5千米,终端被同时放入了海里的接地板上。这样就建立起了两地之间的通信,从来不受风雨的阻扰。

J·A·弗莱明博士发明的热阴极电子管是现代无线电成功的基础,这种电子管在后来被李·德福雷博士进行了重大改进。一套被称作是"无线电话"长距离的接收装置在1910年被德福雷斯特博士安装在了纽约都市大剧院的屋顶上。剧院歌手的声音可以通过无线电话被传送到远在161千米外的人的耳朵里。和德福雷斯特博士工作在一起的是录音电话的发明者凯利·特纳先生,这种机器可以对人的口述内容进行记录,以便于随后再进行整理。好多的录音电话机被他们安装在了剧院舞台的房顶上,并用电线把它们和无线电话连接在一起。用发明家的话说:"无论你是在那里,包括海上或者家里,都可以任意倾听各地的音乐、剧场表演,演讲,以及教学仪式等,这不会再有多么遥远。"

很快就证实了这个预言的准确性,仅仅三年,无线电的传播就达到了644千米,就像是柏林和维也纳之间的人们都可以通过无线电话和亲朋好友说话了。

在传输和收听语音和音乐方面都比原来进步了很多。1913年，德福雷斯特先生在英国距离64.4千米的北安普顿和莱奇沃斯之间继续试验，他的清晰度达到了有线电话的程度。此时有关无线电的实验马可尼正在地中海的意大利军舰上进行着。A·A·坎贝尔·温顿先生是英国著名的无线电专家，他在1914年说，无线电话已经可

J·A·弗莱明博士

以进行商业推广了。发表演讲、天气预报、预报时间等非常适合使用这种新的传播手段。可是，几年后这样的无线电系统居然会走进千家万户的住宅中，甚至比电话还多，这是他没有料想到的。

接收装置改用热阴极电子管是在1914年，对于其在发射器领域的应用仍在试验阶段。接着，世界大战爆发了，无线电的发展进入了秘密阶段。作为对无线电波的电子管探测装置，英、法、德等国都在使用，所以各种军事调动成了桌面上的秘密。对新发送方式的研究迫在眉睫。

在第一次世界大战开始阶段，人们的接收和发送装置都是电子管的，这种小型无线电装置被安装到了所有飞行器上面。这种电子管的结构如同是真空的灯泡，只不过除了灯丝，另外还有两个金属部件在里面，这就构成了三级热阴极电子管。在大战结束前，飞机和地面，飞机和飞机之间的通信距离分别达到了80.5千米和80千米。如今，这两个距离分别达到了300千米至400千米和80.5

早期飞机上的小型无线电话装置。

无线电地位能够得以巩固一定要感谢电子管的发明，与此同时无线电学也被升级为无线电子学。

至 161 千米。

导航是电子管的重要发展方向。接收站在收到信号后，需要把发射方向立即确定出来，为了确定其位置，甚至需要两个或更多的接收站进行协作，这是十分必要的，因为这就是接收站的目的所在。

跨越大西洋的首次语音通话是在第一次世界大战期间，当时是在距离为 3703 千米的巴黎和华盛顿。如今已经没有什么东西可以阻挡无线电传播了，它已经覆盖了世界各地。

英国的广播公司在伦敦开始无线电广播业务是在 1922 年 11 月 24 日。如今，很多形式各异的广播中心遍布了英国各地，世界上任何一个偏远的山区都可收听到广播节目。广播事业飞速地发展，声音传遍世界各地的还有美国，以及新西兰、澳大利亚、日本、南美洲各国等的音乐。从来没有一个发明可以带给人们如此惊奇的程度。马可尼在 1924 年做了波束系统实验，其完善程度已经相当高。如同光线在经过反射镜的作用集中成一束的情况，原本分散的无线电波经过这种装置的处理，也会集中到一起。新的系统可以更好地传播信号，并且对能量起到了很好的节约作用。

1924 年，人们进行了一个特别有意思的实验，几个或许是来自其他星球的信号被人们接收到了。人们在 1924 年 8 月准备了由 24 个电子管组成的当时最强大的无线通信设备，试图对这样的信号再次进行接收。得出的结论十分有趣，当然没能收到来自火星的信号。

无线电的普及程度是非常高的，这一点完全可以通过无数的无线电设备及其附件生产厂商遍布英国和美国的商业统计表看出来。人们的日常生活在无线电出现后发生了翻天覆地的变化，这一点在美国尤为显著。大约有500万套的接收设备正在被使用着，这是人们在1924年的估算，而英国的这一数字达到了上面数字的5倍。最先在车上安装无线电系统的是美国。无线电系统被安装到英国的警车上之后，很好地提高了抓捕罪犯的效率。无线电的发射和接受装置同样被奥地利安装到了消防队和消防车上，这样队长和消防车可以随时保持联系。

收音机，用于接收无线电信号。

无线电有着十分广泛的应用范围，并且这个范围还在不断地扩大。海上人员的生命曾经被它挽救；天空中的飞行器在它每天提供的天气预报，尤其是大雾天气的预报帮助下有了很好的安全保障；比较准确的时间可以通过它播报给全世界人民。利用无线电可以于深在地底下数千米的矿业工人取得联系，这一点通过在斯塔福德郡最深的煤矿做的实验获得证明。用无线电定位技术，我们可以快速地对被困于地下的煤矿工人进行施救行动。在世界大战期间，英国工程师们被一次爆炸埋在地下，他们当时正在无人区的地洞里进行无线电的实验，因此刚好有一台无线电设备带在他们的身上。于是，一条求救信息被他们发了出去。由于这台设备的使用范围很小，他们只是抱着试一试的态度，可是这条求救信息被刚好再次飞过的英国飞机接收到了。结果，工程师们都获得了解救，无一伤亡。

对于无线电的未来发展情况，任何人都无法预料，既然传播声音可以不需

1902年美国美国海军学院的研究人员正在测试无线电报

要电线,那电的传播应当同样可以。在 10 米内的距离就可以把一盏灯点燃,这是马可尼在 1914 年说过的话。利用以太介质来传送电能而不是利用电线,这是美国的著名发明家尼可拉·特斯拉先生长期研究的课题,居然他已经取得了惊人的进步。

第26章
X射线与镭

有关伦琴教授的发现——成功的居里——假货被X射线发现——科学利用价值

波兰女孩玛丽·斯可络多夫斯卡第一次来巴黎是在1891年。她曾经在身为科学工作者的父亲那里得到了很好的实验经验,可是由于一次革命,她幸福的家庭从此被拆散了,她避难去了巴黎。为了完成自己的实验,玛丽终于在一个实验室找了份洗瓶子的工作。除了学习,她在那里还可以挣到维持生活所必须的费用。她通过刻苦的学习,最终考入了巴黎大学。在巴黎大学,玛丽和一个叫皮埃尔·居里的男孩相遇了,并且最终相爱结婚,那是

玛丽·居里,波兰人,后加入法国国籍,女物理学家、放射学家。1903年荣获了诺贝尔物理学奖,当时一同获奖的还有其丈夫皮埃尔·居里和亨利·贝克勒。1911年她再次荣获诺贝尔化学奖,这主要是表彰她在放射化学方面的贡献。居里学院就是被她创办的。

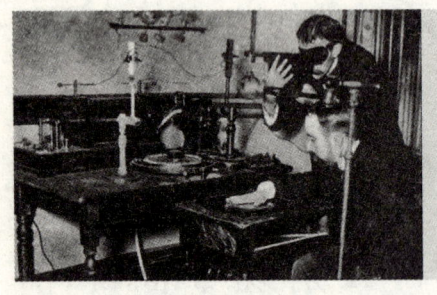

1895年11月8日,伦琴在进行阴极实验时首次发现了微光,那是在射线管附近的氰亚铂酸钡小屏幕上发现的。他最后确定这是射线管中的某种物质发出来的。由于当时了解不多,这种射线被他称作是 X 射线,意思是未知的射线。

在 1895 年。夫妻俩从此并肩战斗。居里夫人在 1898 年获得了学士学位,和皮埃尔一起开始面向基础的研究。

这对年轻的夫妇被电子管发出的射线深深吸引了。当有高压电被施加在电子管的阴极时,就会有某种规则的射线被发射出来,这一现象在 1879 年被英国的威廉·克鲁克斯发现了,当时他用阴极射线来称呼这种射线。这种射线在后来被证实是由带负电荷的电子构成的。

这种射线开始受到了很多科学工作者的注意,可是,伦琴教授是第一个宣称自己发现射线的人,那是在 1895 年,这种被他从电子管里发现的射线会对曝光产生影响,它可以穿过厚厚的黑纸,甚至可以穿透迄今为止被认为不透明的

伦琴

物质。这一发现是最能够激发人们想象的。医学因此被它开辟出了一条全新的领域,对于身体内部的各个消化系统,以及断裂的骨头,人们可以看得很清楚,不必再把肉体切开了。

居里夫人的朋友亨利·贝克勒尔在 X 射线被发现后,开始对这种磷光物质的发光属性进行研究。他的研究对象就是金属铀。铀被阳光照射后,放入曝光盘,被黑纸一层层地包好,

伦琴在1896年1月23日在自己研究所做了一次报告。就在当时X射线被他用来为维尔茨大学著名的教授克里克尔的手拍摄了一张照片。报告最终迎来了人们的三次欢呼,并且人们建议用伦琴射线为这样的射线命名。

抛光盘在X射线作用后发生了变化,这是十分明显的事实。相似的结果,他使用薄金属片也得到了。

原本打算再进行一次实验的贝克勒尔不得不把铀放入了一个曝光盘后又放入了抽屉里,因为那天没有阳光,太昏暗了。经过几天的忙碌之后,他忽然想起了那些在曝光盘里放着的铀,他一定要看一看它们是不是发生了什么变化。结果,上面有影像出现,由此说来,黑暗物体都无法阻挡铀发出的射线。居里夫人后来在贝克勒尔那里听说了这个现象,她十分感兴趣,她开始对别的物体进行研究,看是否这样的放射性同样存在于别的物体身上。没多长时间,第二种物质被她发现了,那就是提炼铀的母矿石——沥青铀矿,这是种用于制造白热罩的稀土元素,它从来都是以钍的形式存在。对于居里夫人当时的惊诧表情,我们一定可以猜想得到。一定是有一种放射性不弱于铀4倍的新物质存在于沥青铀矿中,这将是一种新元素。

就在那个时候,居里夫人下定决心,一定要把这种物质的性质利用实验证明出来,她和丈夫全身心地投入了实验。他们还得到了奥地利政府捐助的一吨沥青铀矿,这些是政府在自己的矿井开采的。对这种包含多种基本材料的原始矿石进行提炼,是一项十分艰苦的工作,因为要对这20英担(1英担=112磅)重的原料进行提炼,还需要很多的煤、蒸馏水,以及数不清的化学药品,当然渊博的知识,十足的耐性和艰苦的劳动是同样少不了的。

他们的工作是在一个大房子里进行的,时间流逝,他们最终将这些矿石的提炼物填入了实验室的试管中。随后,一种新元素被居里夫人发现了,这种新元素被她命名为钋——这是她祖国的名字。可是,还有一种更具放射性的新元素存在于残渣之中,这些被实验证实了,这两位研究者为了寻找它,再次进行了数个月的实验,最终,镭元素被夫妇俩分离出来了,那是在1898年。经过更进一步的研究,他们得知在放射性强度方面,镭是铀的250万倍,除了使胶卷曝光、发出磷光和热量,还能电离空气,它甚至对生命还有一定的危害。

镭和这个世界一样,十分古老,所以我们不能说镭是被居里夫人发明的,确切地说是被发现了,人们用最伟大的发现来定义此次镭的发现。镭元素自身所具备的神奇效果只是一个方面,更重要的是,原子结构可以被它放出的射线穿透,所以更深层次的化学秘密将会被其揭示。

巴黎大学在1903年授予居里夫人博士学位,并且把大卫奖章一并授予了她和她的丈夫,另外,他们还荣获了诺贝尔奖。居里夫人在1906年丈夫去世后,继任了丈夫在大学的教授一职。

居里夫人一家人的合影

对于镭的性质,很多科学家都在进行研究,镭的灼伤性质是贝克勒尔发现的。一块针头大小的镭被他装入玻璃中,随后放入了口袋,可是身体里的疼痛感随之传来。镭射线对动物的细胞具有某种特殊的作用,这是贝克勒尔首先发现的,对于疣的治疗是其最先的用途。镭就是依据这一发现而被引入了治疗癌症和其他类似疾病的范畴。

如同我们目前了解的,有几种不同的射线可以被镭发射出来。其中有可以被纸挡住的 α 射线；以及可以被薄锡铁皮挡住的 β 射线，还有即便是再厚的钢板和大门也无法阻挡住的 γ 射线。使人们认识到这些射线的是英国的大科学家欧内斯特·卢瑟福，α 射线被他证实是速度为 32200 千米/秒的带正电荷的粒子束。更加惊奇的是，α 射线粒子后来被证实和带正电子的氦原子核是相同的。远古时期炼金师的梦想如今变成了现实，一种新元素被另外一种元素转变成功了。β 射线是速度更快的电子流。γ 射线是类似于 X 射线但是波长稍短的射线。

当镭首次从沥青铀矿中提炼出来的时候，被认为是唯一获得镭的方法。如今，人们清楚地知道，几乎所有的岩石和水中都有镭的存在。其中含镭量最高的沥青铀矿也不过是二百万分之一，可见镭的含量极低。我们要经过两年多的时间，才能从 30 万吨沥青铀矿中提炼出 1/10 盎司的镭，由此可见提炼过程的艰难。美国的妇女们，为了在 1921 年把一克镭送给居里夫人，她们 500 个人整整工作了半年的时间，最终耗费了 500 吨的化学药品、1000 吨煤、600 吨矿石、1 万吨蒸馏水。我们真要怀疑，同样给你一块钻石或者红宝石，另外还有一块镭，你一定会毫不犹豫地选择镭。

其实，即便是目前的科学水平仍然无法把镭的产量提高到商业用途。哪怕是找到了镭的生产方法，产量就算是达到毫克的计量单位，如此大量的镭也是非常危险的。

还有，X 射线在被伦琴发现后，它的用途逐渐增加，至今仍在不断地发展。它被邮局等检测部门认为是有用的。之前有人就曾把书的中间挖空，然后在里面放入毒品，如可卡因等。这在以前检查的时间非常长，并且出现失误时还要赔偿客户的损失。如今利用 X 射线可以在很短的时间里检查完毕。

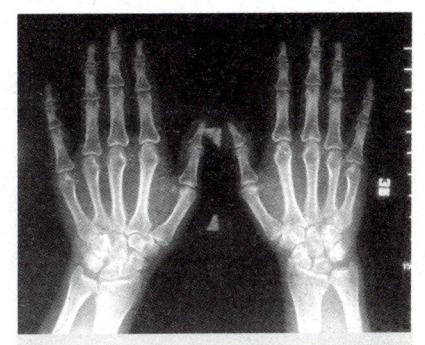

手在被 X 射线照射后，其骨骼的影像就会留在事先备好的底板上。

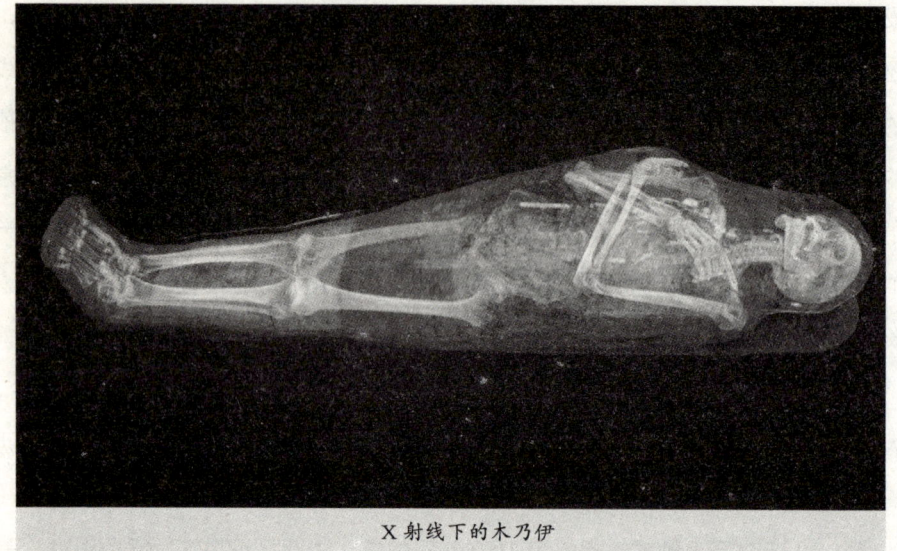

X 射线下的木乃伊

X 射线还被雪茄的生产商用来杀死烟卷蛀孔里的小虫子。雪茄在被打好包装准备出厂前,为了把小虫子或虫卵杀死,都要在安装有 X 射线的屋子里停留大约 5 分钟。

之前收藏家们收藏了各种仿制的赝品,尤其是木乃伊,几乎不能识别,如今利用 X 射线可以在瞬间辨别出真伪。猖獗一时的假木乃伊走私被 X 射线消灭殆尽,另外还有打击毒品走私,这要好过任何的法律手段。

此外,X 射线的巨大用处还被外科医生和牙科医生发现了。对牙齿内部的观察可以通过 X 射线拍摄的照片实现,而不必非得把牙拔下来。X 射线甚至被制鞋匠来利用,顾客脚骨形状可以通过 X 射线看得很清楚。

第 27 章
电熔炉

莫桑瓦的主要工作——电熔炉的作用——吹风管——铝的热工艺

有的金属熔化温度是比较低的,例如锡和铅;可是有些金属的熔化就需要很高的温度,比如金和铜要在1000℃;铁的熔化温度则需要1600℃;铂类的熔化温度会更高。钢的炼取温度在鼓风机出现之前是根本达不到的,温度在鼓风机出现之后最高也不过1600℃。化学家们在50年前就认识到必须要获得更高的温度,可是一直没有找到合适的方法。

和居里夫妇在同一所大学工作的亨利·莫瓦桑,他也是一名法国的科学家。一座不是特别精致的电熔炉在1892年被他利用电阻原理制作成功了,较大的电阻产生了电熔炉里的热量。之后,又有一座拱形熔炉被他利用不同的思路制造出来,实验材料会和里面引入的两个碳棒直接产生回路。巨大的热量会在接触点产生,之后断开,这样会有特别高的温度通过缝隙的电流产生。最好的隔热材料石灰被莫瓦桑用来制作炉体和盖子。这个设备虽说比较简单,可是通过巨大的电流就可以获得2000℃的高温。炉子内部的温度是相当高的,使得外面的石灰都开始融化了,为了保护眼睛,操作员必须戴好眼镜。不用说是熔化,普通的金属甚至都会沸腾起来,在炉子里放入铜,插碳棒孔就会有铜蒸气冒出来。

亨利·莫瓦桑（1852～1907年），法国化学家，科学家，对科学探索具有极其刻苦的精神。其突出的贡献是对最活泼且具有毒性的非金属氟的制取，发明高温熔炉，并且对钛、钨、钒、钼等高熔点金属进行熔炼。

把一磅铁熔化，撒门的炉子要1小时，可是莫瓦桑的仅仅只要3分钟。之后，铬、钨、硅、锰、钒等金属被莫瓦桑一一拿来做实验。上面提到的这些金属目前仅仅是处在实验阶段，用量都很少。可是人们可以通过新炉子大量获得上述金属，这种方法对人们有着巨大的实用性。钢的性能会在被加入这些材料后获得很大提高，像可使钢具有极大韧度的铬；使钢变硬的钨和锰；使钢增加强度的钒；使钢更加适合于弹簧制作的硅。

电熔炉的发明把人们带入了新的炼钢时代。现代的装甲车、枪炮、高速工具等，都是依赖我们上面提到的电熔炉的运用。

利用碳来生产人工钻石是莫瓦桑的另一项发明。碳结晶的微小颗粒就是具有极高的生产成本的钻石。利用碳坩埚把碳末熔入到熔化的铁中，这就是莫瓦桑的制作方法。当这些物质在电熔炉中熔化后，再被一同倒入冷水中。遇冷紧急收缩的铁水就把溶解后的碳末变成了晶体钻石，而纯碳的结晶体就是我们时常看到的钻石。

碳还有另外的一种形式，那就是天然石墨，也被称作是黑色石墨。人们现在在很多的领域对天然石墨都有应用，比如铅笔制作、炉体制作、电器的制作，以及优质润滑油的制作等。可是天然石墨的存量十分少，因此人们一直在试图着生产人工石墨，可是在电熔炉发明之前，这被人们戏称天方夜谭。可是石墨的生产在尼亚加拉河上的发电厂建设完成之后，其简单的生产过程就如同生产肥皂。在电熔炉中把无烟煤进行适当处理，就可以把这些黑煤变成触摸起来非常滑的粉末，这些就是由纯碳构成的石墨。这其中就包括用于打磨炉子和厨房用具的石墨。

E·G·艾奇逊先生在莫瓦桑试图浓缩碳末变为钻石之前，就已经开始这方面的工作，他是一位十分有才华的化学家，曾经和爱迪生进行过合作。那个时候，电力是不存在的，他用来加热的是氢氧焰，这或许就是他制造钻石失败的原因所在。他后来在米兰、阿姆斯特丹、威尼斯各建了一座电厂，成为欧洲电力照明的先驱者。随后，他返回了美国，尼亚加拉河的新电厂就是他负责管理的，目前任何的电厂生产的电力都比不过这个利用水的落差生产的电力。对于人工钻石的生产，艾奇逊再次进行了实验，他还有别的目的。那个时候的金属铸件都是用金刚砂———一种铝的氧化物来打磨的，他想要寻找一种可以替代金刚砂的物体。假如这种物质可以通过很低的成本制造出来，那将具有非凡的意义。

艾奇逊因此想到了把碳和粘土混合在一起加热后再冷却的方法，那样在冷却的时候，粘土就会被分离出来，最后留下的就是钻石。就这样，他在坩埚里混合了碳粉和粘土，然后把连接了发电机的两个碳棒插入到混合物中。碳末和黏土在高温下混合到了一起，冷却后生成了一些紫色的晶体物质。虽说它们十分坚硬，可以把划痕留在玻璃上，可是这些并不是钻石，这一点艾奇逊是通过检测得出来的。他认为可能是蓝宝石或红宝石也说不定。又经过了一次实验，这次得到的物质和之前相同，只是个头较大。令他想不到的是，这种物体的硬度居然超过了红宝石，钻石上面甚至都可被它留下划痕。这些晶体被他拿去在化学家、珠宝商以及地质学家们面前展示，"这一定是被深埋在地下的天然宝石！"这是人们一致给出的结论。治凯教授是比较有威望的人，他是苏格兰有名的地质学者，当他了解到这些晶体是美国人人工制作的时候，他竟无法相信："美国人竟然可以制作出在地球上要数百万年才可以生成的晶体！他们接下来要干什么？"

新宝石被艾奇逊命名为碳化硅，用这种坚硬的物质来替代金刚砂真是太合适不过了。艾奇逊开始生产碳化硅，产量在1893年是7吨，这个数值在1902年达到了2700吨。碳化硅的构成为碳粉34%，锯末10%，沙子54%，食盐2%。他发现冷却后的碳化硅会变为一个大的晶体，中间是碳，表层的物质是一种硅碳耐火材料，如今炉子的内壁经常会用到它。由于好多砖在高温下会变得如同奶酪，所以炉子每次用来生产碳化硅后必须重新砌炉壁。

生产钻石需要的温度，完全可以通过电熔炉来提供，这和太阳产生的热量相当。可是对于大自然能达到如此大的压力的秘密，至今科学家都无法作出解答。

电石是电熔炉的另外一种重要的产品，首先发现它的是考里斯电器公司，其实不过是意外收获，那是在俄亥俄州的克利夫兰市。当时有些多孔的石块在残渣中被发现了，这种石块和水反应会生成一种气体，这种气体是可以利用火柴点燃的。获取这种坚硬又沉重的电石的方法，只要把生石灰和碳混合加热就可以了。电石遇到水会产生可燃的乙炔气体，这或许就是它的价值所在。白色的火焰以及太阳般的光芒都可以利用燃烧的电石发出的乙炔气体。正是因为它们便于存放，便于燃烧，根本不需要什么壁炉架，所以有很多私人住宅使用乙炔照明。

焊接是乙炔气体的另一项重要用途。人们最早使用的焊接气体是氢氧，它们的温度可以达到2000℃。可是换用成本较低并且方便使用的乙炔后，温度可以提高20%。工人使用氧炔焰时，可以对堆放在一起最厚达4厘米的钢板进行切割，如同切割奶酪。除此之外，2.5厘米厚的锅炉钢板可以借助氧炔焰，在4分钟内完成切割，对15厘米厚的钢板进行切割，借助于氧炔焰可达到的速度是10分钟1米。氧炔焰在修复工作中，尤其对战舰的修复是相当出色的。可是这样的优越条件可以被犯罪分子利用，成为他们开启保险柜的上乘

sapphire出自希腊文，蓝色之意，是蓝宝石的英文名称。蓝宝石出自刚玉族矿物质的刚玉矿石。其实在自然界的所有宝石中，除了红宝石和粉橙色宝石外，其余颜色的宝石均称做是蓝宝石。

工具，这是我们不得不小心应对的一点。工人们在工作的时候必须戴好眼镜和防护罩，这是为了防止我们的眼睛和脸部在短时间内被高温灼伤。

人类得益于电熔炉的帮助十分巨大，我们之所以可以生产出具有光亮的外表、良好的性能、广泛用途的铝，这完全依赖于它产生的高温和热量。

时至今日，人们对于含量较为丰富的铝的获取依然不便。铝在60年前的价格要比银高出很多倍，这是由于我们要耗费大量的金钱和非常艰难的过程才可以利用化学的方法从矿石中获得极为少量的铝。"包含在泥土中的银"，这是铝在展览会上玻璃柜前的标签注释的内容。铝在全世界的产量在1890年只有40吨而已，单价为每磅9先令6便士。这一数字在1900年达到了6000吨，单价下降到18便士。而正是电熔炉和矾土的发现才促使这一变化的产生。在矾土中提炼铝是十分轻松的，它首次被发现在法国白羊宫附近的莱佰地区。

其中最为重要的一个炼铝厂就矗立在苏格兰的尼斯湖南岸，由它生产的铝纯度可达99.5%，提供矾土的是爱尔兰北部地区。那里的能源是由著名的福尔斯瀑布水电厂提供的。这个电厂可以一天24小时不停地为铝厂提供3730千瓦的能源，前提是水一直在流动着，106.8米的水压直接带动着巨大的吉雅德涡轮工作。

由于铝超级轻盈，它的重量仅为相同体积铸铁的三分之一，铅的四分之一还不到，所以它很快被人们到处使用。利用它柔软的特性，我们制作的金属丝可以达到0.3毫米以下；利用它锻压的薄片可以达到两万分之一厘米厚，这要感谢它极好的延展性；另外它还是个良好的电导体。原本都是以铁作为主要金属材料的烹饪用具，如今都换成了铝，这都要感谢它的优良导热性能和耐酸腐蚀性。和瓷器相比，铝容易清洁且不容易破碎，这是它的突出优点。它超轻盈的突出优点更表现在旅

乙炔可以为现代的工业生产提供很高的温度，氧炔焰可以达到3000℃，它的燃烧条件只需少量空气就可以了。

行用品、探险用品，以及军用水壶等方面。铝容器被广泛应用在矿泉水、食糖、糖果、肉罐头、人造黄油、奶制品，以及酱品等大公司里。铝在科学和光学仪器上的用量也在不断地增大。铝制的轮毂和活塞是最为理想的，铝制品在汽车的其他方面的应用也在不断扩大，汽车制造假如离开了铝，真不知道该怎么办才好。铝合金的的强度几乎和钢没什么差别，并且它的重量仅仅比铝重一点点。对于这种新金属的应用新实例几乎每个月都有，人们甚至夸张地说，铝时代即将替代钢铁时代。

电熔炉除了生产上面的产品外，还有别的产品。一种是药剂师时常使用的磷，每一年的用量几乎达到了1000吨；另外一种就是在炽热的碳里诸如硫黄产生的二氧化碳。

新发明、新工艺总会在每一次社会大变革中应运而生，我们每一次都可以感受到它们的巨大的推动作用。铝在电熔炉出现后产量大增，成本骤降，它是比较便利的高温生产者。在坩埚中把燃烧铝和别的金属氧化物的混合，最后就会生成别的纯金属和铝的氧化物。我们把这种从铬、钒、锰等类似金属的氧化物中获得相应纯金属的工艺处理方法称为"铝热法"。在钢铁焊接中应用的铝热剂是种新的应用方向。依照一定的混合比例而成的铝和氧化铁俗称铁锈的混合物，被放入坩埚中点燃，剧烈的反应温度可以达到3000℃，而任何需要焊接的金属都可以利用此时坩埚底部形成的铁水。即便是汽车大梁都可以被焊接好的，只要放置的位置合适就可以。我们在码头上还可以对断裂的轮船尾柱进行修理，几天之后就如同新的一样。可是铸造一个新的船尾柱需要几周的时间。

还有很多方面在应用铝热剂。燃烧弹就是其中的一种，它里面装的就是铝热剂，这种炸弹可以产生大量的热能，周围的木制房屋都会被它烧成灰烬，第二次世界大战中世界大战中的英国就曾遭受这样的炸弹袭击。

第28章
水力发电

不同的能源种类——涡轮和佩尔顿水轮机——无用的风力——潮汐能和太阳能

经过上一章的学习我们了解到，好多有用的材料都可以通过电熔炉生产出来。目前获取电力的方法有很多，通过燃烧煤、油或者气等，可是最为经济的当属利用水力。我们必须在很深的地下把煤挖掘出来，并且通过燃烧才可以对其化学能进行应用，它其实就是太阳能的不断积累造成的。在英国由于浅层的煤早已经挖完了，单就把深层的煤挖出地面就要付出相当大的代价。所以，英国目前的煤价格是原来的两倍，这个趋势还会继续上涨。

中国古代的农业发展曾受到水车特别大的帮助，它就好似是一个杠杆支撑在一个大木架上，一端是重物，一端是汲水用的木桶。

用风力来抽水。

但是水资源就弥补了上述煤的劣势,它是不会枯竭的,除非山上没有了雨雪,不过在对水这种奇妙的能源进行利用的时候,人们似乎一直都没有什么进展。这样的情况在东方却是截然不同的,人们利用水车来灌溉田地,这已经是很早以前的事情了。稍早一些的时候,欧洲在对锯木机的驱动、带动谷物碾碎机,以及别的方面也开始了对水力的利用。可是在如何把它转化成一种其他的能量使之更便于被利用,人们一直都没有想出来好的办法,所以水车在蒸汽动力出现后就慢慢消失了。对于水力的应用,人们在18~19世纪的绝大多数时间里都没有什么突出的进展。

一直到涡轮和佩尔顿的水轮机等对水利用的新方法产生,有关水的利用问题才再次进入了人们的视野。1801年发明的涡轮,其实就是一个封闭腔体中安装有弯曲叶片的轮子。腔体中的水是从水道进入的,最后从中间流出,这当中由水驱动着叶轮转动。发电机和叶轮连接的轴承同样被带着转动。在仅仅有1米长水流的情况下,立轴的涡轮就很实用,但是假如超出了5米长的多股水流,那么卧式涡轮就比较实用。

一个美国的木匠发明了佩尔顿水轮机,他的名字叫佩尔顿。水流经过喷嘴射出来,被射到的轮子就会在水的作用下发生转动。我们在老的谷物磨粉厂里可以看到很多这种老式的水轮机,它们还被使用在淘金的过程里,主要是对包含黄金的泥土进行冲洗。从悬崖上不断下落的水落入水轮机边缘的木桶或者杯子里,在重力作用下带动着轮子转动。像这样的水轮机,现在还有很多。佩尔顿注意到了水流在喷射出来落到水桶上会有些偏移,而不是落在正中央,所以他把水轮改动成了弯曲形状的。经过如此改动，水不但没有飞溅出来，轮子的旋转速度却增加了，这令人不解。把水桶从中间分开的想法马上跳入了佩尔顿的脑海中。他按照自己的思路制作出了一个新的水轮机，验证发现，它要比老式的高效许多。和一整页的文字描述相比较，看一眼佩尔顿水轮机的插图你会理解得更加透彻。

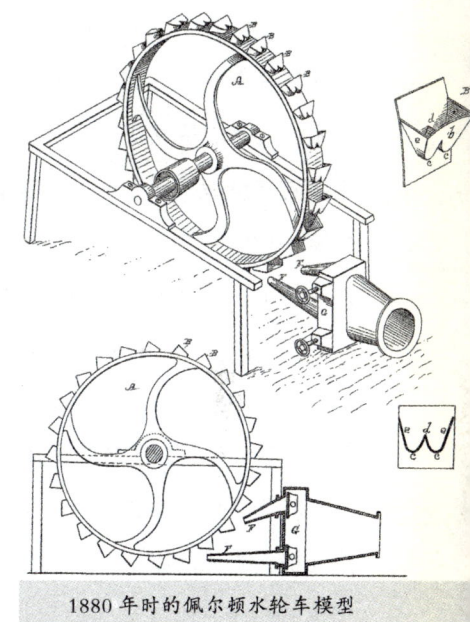

1880年时的佩尔顿水轮车模型

对于水力是怎样被涡轮利用的这一点，我们接下来就进行研究。伊利湖中多出来的水都是通过尼亚加拉河这个管口流入安大略湖的，对于这一点大家都很清楚。水的落差，在尼亚加拉河上是66米，每秒67832立方米是大致的水量，也即是说有1.6立方千米的水要在一周之内流经这里。换个思路，那就是每小时下落的2200万吨水能产生370万千瓦的电能。以黄铜制成的、直径为1.5米的单个轮子最先被安装在尼亚加拉河上，形成了涡轮。42.7米长、5.5米宽、54.3米深的轮坑就是该轮子的家。轮坑的水是被一条76.2米长、3.7米宽的水渠引过去的。功率为3730千瓦的涡轮在尼亚加拉河上共有10台。人们在固定的岩石上开凿了一条400米长、5.8米宽、6.4米高的隧道，目的就是让流经涡轮后的水可以流走。

可是矗立在这个瀑布上的电厂不止一个。现在，在东西483千米，南北160千米的范围里，对大型工厂机器的驱动、铁路机车的牵引、城镇照明等各种各样的电力应用，都是由尼亚加拉河的水力发电厂提供的。

美国仍在继续开发水资源的利用，因为他们的水资源特别丰富。可是英国不得不采取必要的措施，对苏格兰高地上的水力进行利用，因为他们在这方面资源匮乏。而意大利之所以早早地发展对地热的开采利用，并且在每个瀑布都建设了水电站，都是因为在煤、油燃料方面的资源匮乏。

大小约 4 平方千米的拉尔代雷洛在佛罗伦萨西南 64.4 千米的地方,没有什么人住在那里,这完全是由于乡下人数千年来迷信导致的结果。那里不断有带着奇怪气味的蒸汽从地下喷发出来,到处是硫黄的臭味,还有空中呼啸的噪声。决定对这些废气进行利用、建设电厂的是数年前的康太王子。如今,佛罗伦萨和锡耶纳的电力都是这里供给的,这个电厂一直运行正常。后来又有一座功率为 4.1 万千瓦的电厂建设成功了。近来,在另外一个喷射蒸汽的地区——那不勒斯附近,意大利又在钻孔,他们打算再建设一座类似的电厂。

像这种蒸汽储存在地面以下不深处方便利用的国家没有几个,可是风力却是每个国家都有的,这真的是值得庆幸。这是继水力之后人们开发的又一个新能源。

我们之所以对这些从大陆和海上持续吹来的风力感觉不到,是因为我们总是在被树木或房屋遮挡的地方生活着。固定的风力发电机只需定期加些润滑油,平常的日子它会主动转向风吹来的方向,并且根据风力调整风叶,根本不需要过多维护。所以说风力是最经济的能源。可是,它的不足又在哪里呢?风吹的时间无法确定,吹的时间长短也无法确定,这些都是风力利用中遇到的实际问题。可是这些还是在人力的可控范围里。多数情况下,在海拔 91.5 米,风速在每小

中国、古巴比伦、波斯等对风车的利用开始于 2000 多年前,他们经常使用风车来灌溉农田,碾压谷物等。风车在欧洲发展是在 12 世纪以后,提水、制冷、供热、航运、发电等都可以用到风车。

时16千米,一天中就会有3/4的时间可利用,并且可以持续半年。

近几年,风车被人们做了很多的改进。如今不需要太多的钱就可以建设一个具有直径5~6米风轮的塔状风车,材料是钢铁的。诸如发电、混合肥料、搅拌、锯木、抽水,以及把谷物碾碎等好多的工作,都可以借助风车来完成。把4.4万吨的水提高到161米的地方,不过是一个钢铁制成的风车一天的工作量,并且可以省去养马的费用。这样的小型风车在美国正在被大量使用着,每年的出售数量都在1万台左右。

丹麦是最早利用风力发电的国家,并且范围较广。丹麦是世界的风轮生产大国和风能利用大国,丹麦的风轮技术被世界60%的厂家应用着,而世界10大风轮生产商,仅丹麦就占到了5家。

由木制关闭器和帆布翼板构成的旧式风车,要想使叶片转动,那就一定要借助底座的长臂作用才可以。如今的风车已经和旧式的径向条板风车远远地区别开了,原来的长舵柄臂被旋转头替代了,这样叶片可以自动被推进风里;为了使翼板的开关都可以自行调整,控制器被安装到了翼板的中央。方向舵和尾翼的旋转头都决定了现代风车的控制器作用,控制器会在风力较大时把其调整到合适的位置。一种大型的风车在1924年被百路少校成功发明,传说它是迄今为止最好的风车。迎风而转是所有风车的共性,旧式的叶片以及其他的辅助器件都是在后面的,然而百路少校的却将其设计在塔的一侧,这样可以更好地利用风的吸力,因为风向不会受到机器的表面影响而发生改变。在风能的利用上,迈出了坚实的一步。旧式风轮上的6个或者8个叶片被百路的4叶片替代了,采用了科学原理。风的吸力效果可以通过风轮叶片得到最好的展现,它的形状如同飞机翅膀,且与飞机翅膀有着相同的作用。百路少校还成功制造了一个完美的调节模型。

对于风能的利用,这应当是一个开始而已,这一点可以通过上面看得很清楚。

在英国人中，曾有位学者这样说："假如把风车建造在英国的悬崖边，那全国的电力工厂和机车都可以获得足够的电能。"这个人就是加拿大的费逊登教授。

如今，潮汐能是人们了解得更少的新能源。对于潮汐能的利用，多数国家还存在着困难，只有投入巨大的资金，才可以利用潮汐能发电。可是，在塞汶河口和新斯科舍海的芬迪湾，却十分适合对这些巨大的能量进行利用，以此来发电。一天之内会有两次12.2米的潮汐出现在芬迪湾，那里有一条宽度不超过4.8千米的狭窄通道，它是这些潮汐必经之路。通过计算得出，这里每天都要有1.5亿马力的潮汐能被浪费掉。获得如此成本低廉的巨大能量，只需数百万的资金，这一天肯定已经不远了。

为了对菲尼斯泰尔省旺瑞池河口的潮汐能进行利用，法国政府正在实施一个计划。他们计划建一个150米长的拦河坝，靠潮涨潮落的驱动力驱动4组涡轮，这样将会产生1194～2387千瓦的功率。

直接在太阳光中获取的能量是我们要说的最后一种能量。完全利用太阳光加热并通过产生的蒸汽带动的7.5千瓦的锅炉设备，在加利福尼亚的南帕萨迪纳已经运行了很多年了。一个贮存了455升水的钢管被立在中间，为了把阳光反射到这个钢管上，在它的四周有排列好的1700面镜子般的圆锥体。在时钟机构的控制下，圆锥体会跟随着太阳的运动而变换。在晴朗的日子里，锅炉每天能利用8个小时，而它用不了一个小时就可以产生蒸汽，此后一直到日落，发动机都可以正常地工作。另外，它抽出6370升的水仅需1分钟的时间。和燃煤以及电力相比较，太阳能明显具有费用上的优势。一座完全利用太阳能的电厂在开罗建设成功了，可是他们用锌制作的锅炉居然不能承受由此产生的热量。这和加利福尼亚的锅炉基本一致。如此看来，太阳能十分适合那些燃料价格超出每吨10先令的热带国家。

第29章
人类在机器中获得的好处

发明家的胜利——人类受到机器的挑战——逐渐消失的手工劳动——人类的生活因为发明家的发明而变得轻松

有位演讲者曾用"致命的"这三个字来修饰"发明"这个词语,他的本意是指推动人类的进步所要付出的代价,而并非是针对毒气和大炮的发明。发明在很大的程度上破坏了陈旧体制下的某些迫使人们正在走弯路的事实,可是我们当中真有一些人是相当保守的,所以他们会有很长时间走在弯路上。例如之

正在被埃及人用轮子运回的以色列文明。

前人们总在说，被高大的马匹拉着的车辆是最好的交通工具，不会有任何东西可以超越它。另外，拖着长长黑烟的破浪行驶在海里的蒸汽船，无论如何也比不上乘风而行的三桅杆帆船。和汽车相比较，一匹正在小跑的优良马匹确实是最漂亮的，而人类曾制作的大帆船也的确是最为优美的交通工具，我不得不承认他们说的还是有些道理的。

可是话又说回来，和所有的马车相比，我们乘坐的汽车会跑得更快、更稳、更远，就可靠性而言，蒸汽船有着和火车一样的性能，天气的好坏始终影响不到它。所以，我们应当感谢这些发明者，感谢所有曾为这些机器做出贡献的人们，这些都对人类的进步起到了巨大的推动作用，这些就是现代文明的重要组成部分。

我们必需有用于遮风挡雨的屋子、充饥的食物、御寒的衣物、学习的书籍、

马车在蒸汽车出现之前一直是人们重要的交通工具。

搬家的工具等，才可以生活得更加舒适。不知你是否想到过比较一下自己和自己的祖辈们在生活条件上的区别。在前几天无意间得知，一个乡村老妇人，虽说在伦敦附近生活了大半辈子，可是从来没有去过这个仅和自己家相距80千米的世界最大的城市。对于100年前的先辈们来说，旅行是富裕人的生活，而英国农村里去过比较大的城市的人不超过3%，这些不知你是否了解过。除此之外，人们生活在内陆地区就从未见过大海。生活在极度无知愚昧中的人们大多都过着极为单调的生活。

在以农业为主导的时代，对极少的人群来说，食物是比较充足的，可是衣服，特别是脚下穿的鞋子却相当昂贵，而且质量较差。那个时候在雨天里，假如人们一定要出去，只有淋雨，没有别的选择，因为防雨用具根本没有。必要的生活用品，比如排水系统、烹调用具、地毯，以及陶冶情操的书籍，在穷人的房间里根本就找不到，他们有的也不过是一张已经被翻阅烂了的破报纸。

说到旅行工具，马车是富人的专利，当然公共的马车还可以为中产阶级服务，那些平均速度不到每小时4.8千米的笨重货车则是穷人的不二选择，假如可以坐上运河船，那可是他们几世修来的福分呀！

在那个时候，所有的日用品都是手工制作的。这些手工制品的价格是相当高的，因为它们耗费了大量的时间。靴子是人们比较常见的日用品，哪怕是最为低廉的普通靴子，完成工作也要15个半小时。所以说每双靴子卖到20～25先令就不足为怪了，可是每小时工人能够得到的报酬仅为3便士。如今靴子的价格低廉，是由于制靴机的发明使单人的工作效率提高了10倍，与此同时，工人的工资也提高了很多。

接下来让我们看一看种田的用具。人们要200个小时的时间才可以制作50根干草叉，这是在19世纪初期。可是在1865年机器出现后，同样的产量仅需12个小时。铸铁的犁具在1800年前是不存在的，人们更多使用的是些包着铁皮的木制犁具，锄头是仅有的掩埋工具。人们收割谷物用的是长柄镰刀，脱粒用的是连枷，磨粉用的是风车带动的两块石头。如今蒸汽机已经被大多数国家利用到了耕种的所有流程中,可是这些老式的农具在俄罗斯仍然被使用着。有一种功率为37.3千瓦、宽度为10.7米的收割机头已经在美国的西部地区使用了。打谷机就尾随在收割机的后面,它可以将收割来的麦秆进一步加工,使谷粒分离出来并且自动装入麻袋,而麦秆则放入后面的容器中,每隔一定的时间就进行倾倒。连同收割、分离谷粒,清洁装袋等整个流程,这种联合机器每天可以收割1000~1500麻袋的谷物。这样需要1000人收割的小麦,只需7个人就可以完成了,这就是这些神奇发明的好处。

发明节约劳动力的功效还表现在面包制作的过程上。一台重达200吨的电动机器展示在了伦敦农业大厅有关面包机和糖果机的展览会上,利用它制作2400条面包仅需要一个小时。所有的操作工作仅需8个人就可以十分轻松地完成,甚至都不需要添加面粉或者生面团的人。人们只要在一个大容器里添加足够的水和面粉,以便于和面团就可以了。和好的面团会被机器送至一个专门用于发酵的容器。经过4小时后,发酵好的面团会再次被机器送入切割机,一条传送带会把切成条状的面团放入面包模子,做成面包的形状。随后历经42分钟的巨大电炉的烘烤,成品面包就出炉了。假如这种机器没有被多个聪明人发明出来,白面包的单价将会是目前的3倍。

除了面包,利用机器制作的还有饼干。假如我们对饼干厂进行一次参观,我们会发现,从头至尾不必接触任何人的手,一切都是机器来完成的,最为有趣的当属烤制方法。饼干首先是被机器的金属丝传送带运载着、慢慢从烤炉中通过,成形的

20世纪初的烤面包机

饼干会自动从另一端出来。

机器加工已经渗透到了所有的食物制作领域，特别是绝大多数的听装和瓶装的食物。利用机器来对饮料进行装瓶已成为所有饮料包装方法的共性。饮料瓶子的颈部会被机器准确地抓牢，并以每天24000瓶的

早期家庭洗衣机

速度装填，人们是何等聪明呀！假如瓶口是用软木塞来封口的，那么速度会达到每小时3000瓶。试想一下，如果没有机器的话，这得需要多少人才可以完成这样的工作量呀！

之前，利用手工洗衣是十分正常的事情，洗衣女工们一定要十分努力，最后才可以挣到一点点的钱。我们会发现，现代蒸汽洗衣店的速度会达到每小时2000件，并且在洗净的同时会把衣领和袖口上光。另外，在洗衬衣时，它的速度会达到每小时200件，并且把一件衬衣上光熨平仅需要1分钟的时间。制作亚麻都可以通过机器来完成，这一台机器的工作量可以替代6名女工。

蜡烛是我们祖先唯一的照明方法，别的照明方法在当时是不存在的。对于蜡烛的使用，我们现在仍然需要，只是制作工艺发生了翻天覆地的变化，原本的手工浸渍工艺已经不复存在了，代替它的是高效的铸模工艺，这套操控仅需一个小男孩看管，生产7000根蜡烛仅需8个小时。在火柴的制作上节省的时间更让人吃惊，手工切割3根火柴所花费的时间，机器可以完成63.75根的任务。

木匠使用的所有钉子在100年前全部是手工制作的，对于钉子的制作会牵扯到整个城镇的人们——男人、女人、老人和孩子。可是制作钉子的人时常处在挨饿的边缘，因为这项最苦最累的工作报酬却相当的低。因此，制钉机被爱动脑筋的发明者研制成功了，它生产钉子的速度可以达到每分钟1000颗。如今人们从最痛苦的工作中解脱出来了，不仅如此，钉子的质量还比之前有了很大提高，价钱也低了很多。

现在，人工制作砖块的情况在一些偏远的地区还是可以看到的，可是和机器的效率比较，他们要相差很远。制作30000块砖，利用机器不过10小时，可是即便是最熟练的工人，用手工完成这些也要十倍的时间。由制作砖块所用的泥土，我们联想到了挖掘运河以及海港。这些原本要手工完成的工作如今已经被蒸汽挖掘机代替了。这些工作完全可以被那些9.2米高的大机器来完成，它们上面安装的铁铲有5.2米宽。其中水下挖掘机最令人称奇，挖深河流、运河等，以及清除海港淤泥，都可以用到这样的机器。这种挖掘机一天可以挖掘1500～2000吨煤，完成挖掘地基、安放混凝土、举起大石头等这些工作，可以不受任何环境的影响，它可以携带3吨煤，被6个人操控。"除了投票选举，其他所有的事它都可以完成。"这是一位挖掘机所有者的原话。

在早些时候，工人利用一把刷子就可把油漆工作完成了，只是速度十分缓慢。发明者最终找到了一种先进方法。喷涂工艺是如今大面积喷漆时用到的方法。操作的流程是：第一步，在一个小钢灌里混合好油漆与具备黏性的乳脂；第二步，连接好装有压缩空气的容器。这样，混合溶液就会被黄铜喷嘴喷发出来。这样的工作效率和原来用刷子和油漆罐武装的工人相，可以提高7倍。如今喷涂军舰和列车的外皮这样的工作正在被这种节约时间的高效方法所代替。

有关蒸汽驱动的印刷机和排版机的神奇工作效率，我们在第十五章中已经进行了描述。而由美国商人乔治·利文斯顿·查理兹先生发明的机器更为神奇，它除了具有莫诺整行铸排机的功能外，还具有把杂志折叠、包装和选址等工作能力。足足要一个小房间才可以放下的整个机器，原本100人的工作，现在只需它一个就可以完成了。一堆刚刚印好的杂志被放在机器的一端，不会太长时间，被折叠包转好的杂

早期蒸汽挖掘机

志就会在机器的另一端出现，经过长长的传送带的输送，最后分别装入指定的麻袋中。如果数千份杂志利用这个机器来处理，仅需 1 个小时。有种机器，它的大小如同打字机，灵巧程度却如同自动邮寄机，利用它来粘贴邮票可以达到每小时 8000 份的速度。

如今，计算机可以被我们很好地利用，在计算这方面，它的工作效率要超过 6 个训练有素的工作人员，并且保证结果的正确性。所以，为了减少工作人员的额外劳动，计算机已经被所有大银行开始使用了。依据现有汇率，在不同国家间，货币的等值换算可以利用一种机器来完成；对于不同数量的钱数、不同时间、不同利息的计算，也可以利用机器来完成。

如此有趣的发明还有很多，仅仅需要按一个键就可以运行的电传打字机；可用作写书的打字机；可用于付款或者找零的自动出纳员；可以不必使用受话器的免提电话机；可以避免伪造并且效率倍增的支票复写器。各个行业在利用机器的同时都大大提高了工作效率，工人也轻松了很多。发明家把原本复杂的工作简单化了，并且对新机器的各种改进工作时刻都在进行，对于这些，所有的职工和领导都看在眼里。

对于浪费时间增加麻烦的机器，没有人会去使用的。例如挖煤，手工挖 50 吨煤要用 171 个小时，而利用机器后时间仅为前者的 1/3，再有手工采石，人们要 180 小时才可以在坚硬的蓝石上钻出 6 个直径为 30.5 厘米的孔，可是利用机器后，时间缩短为 8 小时，所节约的时间相当惊人。